走出資本額迷思

〇〇的正確分配方法

無公式深入探索企業財務觀念、
社會責任與國際競爭的全景視角

遠略智庫 著

Financial management

財務不是只有管錢，更是決定你能走多遠的思維槓桿
從「企業存亡線」看清金錢的真正位置，擬定你的關鍵策略

目錄

序言　從財務到韌性——在變局中找到企業的穩健基礎　005

第一章　財務管理的起點：股東與創業思維　009

第二章　從「自養」到「他養」：企業成長策略　039

第三章　守護自己的錢袋子：現金流與財務穩健　067

第四章　資產配置策略：企業經營的支柱　097

第五章　關係的財務意涵：經營與人際網絡　127

第六章　勤勞與富裕的平衡：智慧理財觀　159

第七章　利潤背後的真相：揭開會計與管理的面紗　185

第八章　競爭優勢的密碼：成本與效率的抉擇　215

第九章　財務管理的彈性：現金流與應變能力　249

第十章　財務與社會：從獲利到社會責任　283

目錄

序言
從財務到韌性——
在變局中找到企業的穩健基礎

在瞬息萬變的商業環境中，財務管理始終是企業能否穩健發展的基礎。尤其是對臺灣這樣以中小企業為經濟支柱的社會而言，財務觀念的深度與廣度，直接影響著企業的生存與競爭力。然而，財務管理並非只是技術性的數字遊戲，它更是企業文化、經營哲學與社會責任的綜合展現。

本書正是希望從臺灣企業的角度出發，提供一套既不用複雜公式，用簡單的語言貼近實務又放眼國際的財務管理思維。全書不僅探討了企業從創業到永續發展的財務挑戰，也融入社會責任與治理的視野，讓財務決策成為企業永續競爭力的重要推手。

◎財務視角下的臺灣企業特質

臺灣企業以靈活與效率見長，家族企業文化更讓人際互動在經營中扮演不可或缺的角色。然而，這樣的特質在面對國際化與數位化浪潮時，也帶來新的挑戰。許多企業在快速應變的同時，缺乏財務治理的制度化與長期化規劃，短期壓力往往壓倒了長期發展的思維。

此外，近年來ESG（環境、社會、治理）議題的崛起，讓財務管理不再只是企業內部的事務，而是與供應鏈夥伴、投資人與社會大眾密切相連。財務透明化與誠信經營，已成為企業能否取得市場信任的重要指標。臺灣企業如何在全球市場與在地文化中取得平衡，從財務觀念開始，將是未來競爭力的關鍵。

◎本書的四大特色

本書從以下四大特色出發，試圖在不用艱深的理論與實務、在地與國際之間，搭起一座橋梁：

1. 全景式的財務視角

本書不僅關注創業階段的資金取得與運用，更延伸到中小企業的轉型與擴張，以及面對國際市場的資金管理與財務策略。從資本結構、現金流、風險管理到治理文化，系統性地呈現企業在不同成長階段的財務需求與管理重點。

2. 結合社會責任與治理思維

財務治理絕非單純的報表編制或數據管理。本書強調，企業若能將社會責任與治理結構納入財務策略，將有助於在國際市場中建立永續競爭力。書中不僅介紹了臺灣的公司治理改革趨勢，也呼應 ESG 評比與社會信任的重要性。

3. 以臺灣企業實務為基礎

書中融入大量臺灣企業的經驗觀察與在地文化脈絡，讓財務觀念不再只是國際理論的套用，而是更貼近本土企業的實際挑戰。從夜市攤販到科技新創，從家族中小企業到跨國品牌，這些故事構成了臺灣財務韌性的真實樣貌。

4. 注重財務觀念的可讀性與實用性

本書每個章節都設計為易讀且結構明確，兼顧理論深度與實務應用，並以簡潔明快的語言，幫助讀者從複雜的財務世界中，找到清晰的脈絡與操作路徑。

◎為什麼財務韌性比財務報表更重要？

財務報表的確是企業管理的基本工具，然而，光有報表與數據並不足以讓企業面對市場的挑戰。真正決定企業能否穩健前行的，是財務韌性。它意味著企業在面對市場震盪、供應鏈變動與社會期待時，能否在壓力中維持穩健的資金運作與決策彈性。

舉例來說，許多企業在景氣繁榮期盲目擴張，缺乏對固定成本與現金流的嚴謹評估；一旦景氣反轉，資金缺口便成為壓垮企業的最後一根稻草。相對地，重視財務韌性的企業，會在決策中預留安全緩衝，將風險分散與資金彈性納入財務規畫中，確保企業即使在逆風時仍能保持基本的營運安全。

◎書中章節架構與內容亮點

本書分為十章，從「創業財務基礎」談起，逐步深入到「股東角色與公司治理」、「現金流與韌性管理」、「社會責任下的財務思維」等議題。每章都以臺灣企業的實務經驗與國際案例為基礎，並搭配財務管理的基本工具，讓讀者不只理解「做什麼」，更能學會「為什麼」與「怎麼做」。

例如：在創業財務基礎概念章節，書中深入說明資本結構、現金流與損益平衡點等核心概念，並提醒創業者如何避免因資金鏈斷裂而過早出局；在探討公司治理的章節，書中也強調資訊透明化與股東責任的多重層面，並以臺灣公司治理3.0改革為例，說明股東參與與治理品質的正向循環。

◎從財務觀念到企業文化的再造

財務管理絕不只是財務部門的事，更應成為企業文化與價值觀的一部分。當企業的經營團隊與全體員工都能理解財務穩健的意義，從預算

編制到決策執行，都能更有彈性與前瞻性。這樣的文化，將成為企業面對國際競爭時，最堅實的護城河。

臺灣的企業治理文化，也正處於轉型的重要階段。從傳統的家族經營走向專業化，從短期報表績效轉向長期永續發展，這條路雖充滿挑戰，但也蘊藏無限機會。臺灣企業若能在人本精神與專業治理的支持下，深化財務觀念與韌性思維，必能在國際舞臺上發光發熱。

◎寫給每位關心企業未來的你

無論你是創業家、企業接班人、專業經理人，還是關心臺灣產業未來發展的讀者，相信你都能在這本書中，找到啟發與方向。這不是一本制式化的教科書，而是一本希望陪伴你在企業經營與市場互動中，找到穩健基礎與創新動能的書。

在未來的競爭與合作浪潮裡，唯有把財務視為企業文化的一部分，將社會責任與市場韌性納入經營決策，才能在變化莫測的世界中，找到屬於自己的定位與價值。這本書，願成為你在財務與經營路上的明燈，照亮前行的方向。

第一章
財務管理的起點：
股東與創業思維

第一章　財務管理的起點：股東與創業思維

第一節　股東的角色與責任

股東的基本定位與企業發展的起點

在企業的經營脈絡裡，股東無疑是關鍵的出發點與最終的歸宿。無論企業規模大小，股東始終扮演著資金提供者、經營策略的決策者，乃至於企業文化的塑造者。許多時候，臺灣的企業在創業初期多由家族企業型態起步，股東往往與經營者有著密不可分的關係，但隨著企業規模逐漸擴大，股東與經營者間的關係也隨之變化，逐步朝向分工更細緻、權責更明確的結構發展。

法律層面的義務與權利

首先，從法律層面來看，股東被視為公司的所有人。依據《公司法》與企業治理實務，股東對企業擁有出資義務與盈餘分享的權利。當企業面臨獲利時，股東可依其持股比例分配盈餘，分享經營成果；然而，當企業發生虧損或破產，股東也需承擔相對應的風險，特別是在有限責任公司的架構下，雖然股東的風險有限於其出資額，但這仍然是一項需被謹慎看待的責任。

股東角色的信任意涵

股東的角色不僅是資金提供者，更是一種信任的展現。當股東決定投資一家企業，意味著他們將資金與信任同時交付給企業經營團隊。這種信任關係，構成企業內部的基本治理邏輯。特別是在臺灣中小企業普

遍存在的情況下，股東常常同時也是企業的經營者或主要決策者，這種「兩權合一」的現象，在初期階段有其靈活與效率上的優勢。然而，隨著企業規模的擴大，若缺乏適當的權責分工與專業治理機制，往往容易產生決策不透明或利益輸送等問題。

股東責任的多重層面

因此，股東的責任不僅限於出資，更包括對企業的監督與支持。良好的股東應該清楚認知自身的角色定位，除了關注財務報表與經營績效，也需重視企業的永續發展與社會責任。這樣的思維，才能讓企業在面對市場風險與機會時，保持彈性與韌性。

現代治理觀下的股東角色

在現代企業治理的觀點中，股東責任被賦予更多層次的意義。除了傳統的經濟責任，還包含社會與道德層面的責任。換句話說，股東的決策不只是關乎企業的獲利能力，也關乎企業的社會形象與公共信任。臺灣社會在近年愈加關注企業的環境保護、勞動權益與誠信經營，股東若能在投資決策時納入這些因素，不僅有助於提升企業形象，也有助於鞏固企業的長期競爭力。

決策的新思維與永續發展的連結

舉例來說，許多企業在股東會中不僅報告財務數據，也會揭露 ESG（環境、社會與公司治理）相關的績效與規畫。這顯示出股東在決策層面的新思維：除了短期的股東利益，更應兼顧長期的社會與環境責任。這

樣的治理模式，能夠促使企業更具備永續發展的體質，進而在競爭激烈的市場中脫穎而出。

財務管理視角下的股東影響

此外，從財務管理的觀點來看，股東對企業的影響力深遠。企業的財務結構與策略往往受到股東意志的左右。股東是否支持加大投資、是否願意接受較高的融資槓桿、是否認同財務穩健的長期目標，這些都會直接或間接影響企業的資金運作與風險承擔。尤其在現金流管理與資產配置的議題上，股東的長遠眼光與決策智慧，往往決定了企業能否在景氣循環與市場波動中保持穩健。

股東在公司治理中的責任

股東的責任，還包括培養健全的企業治理機制。臺灣近年來積極推動公司治理 3.0 的各項改革，強調董事會專業化與獨立性、資訊揭露透明化、以及股東權益的公平對待。這些改革的背後，皆需要股東本身的認同與推動。股東應該明白，良好的治理架構不僅能保護自身權益，更能提升企業在市場的公信力與競爭力。相對地，若股東本身漠視治理，對公司治理架構缺乏認同與支持，企業將面臨決策偏誤、內部控制鬆散等風險，長遠而言勢必影響企業的經營成果。

股東自我成長與時代適應

從另一個角度來說，股東也必須有自我反思與成長的能力。財務管理的核心在於持續的學習與適應。隨著全球化與產業變革加速，許多企

業面臨的挑戰與機遇日新月異。股東如果僅以傳統的思維與經驗來看待問題，往往難以應對新型態的財務風險與治理挑戰。因此，股東應該不斷學習新的財務管理知識與治理理念，適應時代變化，才能在企業成長與轉型過程中發揮更大價值。

股東角色的未來定位

總體而言，股東的角色與責任是企業財務管理的基礎。它不只是投資與分紅的簡單邏輯，更是企業整體穩健經營、長遠發展與社會責任的重要推手。臺灣企業在轉型與升級的路上，股東的智慧與胸懷，將成為企業能否站穩市場、持續成長的關鍵力量。唯有不斷深化對財務管理與企業治理的理解，股東才能真正扮演好自己的角色，既保障自身權益，也推動企業邁向更具韌性與競爭力的未來。

第二節　創業的財務基礎概念

創業的社會意義與挑戰

在臺灣，創業向來被視為社會活力的重要象徵。從夜市攤販到科技新創，從家族小店到中小企業，無數創業者的故事堆疊出社會經濟的厚度。然而，創業之路從來不只是熱血與夢想的延伸，更是財務管理與風險承擔的實際考驗。對於任何一位創業者而言，理解創業過程中的財務基礎概念，不僅是降低失敗風險的起點，更是邁向穩健經營的必修課。

資本結構：資金來源與運用的核心

首先，創業的財務基礎概念之一是「資本結構」的思考。每家新創企業都必須面對「錢從哪裡來、怎麼用」的問題，這關乎資金來源與運用效率。一般而言，企業的資金來源包括自有資本與外部融資兩大類型。自有資本，通常來自創業者個人的積蓄、家族資金，或是合作夥伴的投入；外部融資，則可能來自銀行貸款、創投基金、甚至是群眾募資等多元化管道。這其中，自有資本的風險由創業者自行承擔，而外部融資雖能加速企業發展，卻也伴隨還款與股權稀釋等潛在壓力。

現金流管理：穩定營運的基礎

其次，創業者需要理解「現金流」的重要性。許多創業失敗案例中，並非因為產品或服務本身不夠好，而是因為現金流管理不當。現金流是企業的血液，沒有穩定的現金進出，企業即便再有前景，也可能因為資

金斷裂而提前退場。創業初期，創業者必須謹慎規劃每一筆開支，並清楚掌握營收的進帳時程，避免因資金調度不順而陷入危機。

損益平衡分析：經營策略的試金石

再者，創業者常忽略的一個觀念是「損益平衡分析」。這是一項基本的財務工具，協助創業者了解企業在何種銷售額、服務量下，才能達到收支平衡，開始進入獲利階段。換句話說，損益平衡點的掌握，能幫助創業者評估目標達成的可行性與挑戰，並作為經營策略的參考基礎。創業者若能及早認識這個概念，便能避免盲目投入，減少過度擴張帶來的風險。

財務預算與規畫：資源分配的羅盤

此外，「財務預算與規畫」同樣是創業財務的基本功。許多初創企業由於缺乏完整的預算編制，導致收支失衡、資金挪用等問題層出不窮。好的財務預算，應該包含預期收入、固定與變動成本、以及資金缺口的應變策略等。這樣的規畫不僅有助於企業理清資金使用的優先順序，也能協助創業者在資金有限的情況下，精準分配資源。

風險管理思維：創業穩健經營的保證

創業的財務概念還必須包括「風險管理」的思維。創業本身就帶有高度風險，從市場需求的不確定性、競爭對手的威脅，到供應鏈問題與內部經營挑戰，都可能讓企業陷入困境。對此，創業者需要培養風險意識，善用保險、彈性合約以及多元化市場布局等工具，降低不可預測事

件對企業財務造成的衝擊。這樣的風險管理思維，不只是企業存續的保障，更是經營永續的基礎。

稅務與合規：不可忽視的經營基本功

另一個經常被忽視的議題是「稅務與合規」的重要性。臺灣的稅制設計雖然相對清晰，但初創企業若缺乏對稅務法規的基本認識，往往會因小失大。創業者在企業成立之初，就應與會計師或財務顧問合作，確保財務記錄的合規性與稅務申報的正確性。這不僅能避免未來遭遇罰款與稅務爭議，更能在企業成長過程中，為後續融資與上市等重大財務行動打下穩健基礎。

成本控管：維護財務體質的關鍵

此外，創業財務還包含「成本控管」的概念。創業初期資源有限，成本結構的設計往往決定了企業的生死存亡。固定成本與變動成本的合理配置，直接影響企業的損益狀況。創業者必須持續優化成本結構，例如採用更具彈性的生產模式、運用外包或共享資源等方式，來降低營運壓力，確保企業的財務體質更加穩健。

財務報表解讀：經營管理的指北針

最後，創業者應該培養「財務報表解讀」的基本能力。損益表、資產負債表與現金流量表，並非只是會計師在編制財報時的專業文件，而是創業者每日經營管理的指北針。透過這些報表，創業者能夠即時掌握企業的財務健康狀態，及早調整經營策略，確保企業不偏離既定的財務目標。

財務觀念，創業者的護身符

總結來說，創業的財務基礎概念絕非枯燥的數字遊戲，而是一門結合經營智慧、風險意識與長期目標的實務學問。對臺灣的創業者而言，無論是街頭的餐飲小店，還是瞄準國際市場的科技新創，若能從一開始就具備健全的財務思維與專業基礎，不僅能提升企業存續的機率，也能讓創業的夢想更加實踐與永續。這些財務概念，不只是專業的會計知識，而是創業者在變幻莫測的市場環境中，最重要的護身符與導航燈。

第三節　股東結構與公司治理的重要性

股東結構的組成與影響

在臺灣，股東結構的組成直接影響公司治理的有效性與穩健發展。股東結構包含持股比例、股東人數及股東間的關係等。健全的股東結構有助於決策效率與股東間的溝通合作，避免股權過度集中或分散，減少內部紛爭與經營風險。

股東結構與公司治理

同時，明確的股東結構能促進公司治理，強化董事會的專業性與獨立性。臺灣許多中小企業因股東結構複雜，缺乏明確權責，導致經營權與所有權混淆。企業應透過制度化治理，確保股東權益與經營團隊的目標一致，共創企業長期發展的基礎。

透明度與溝通的重要性

此外，股東結構的透明與溝通更是財務管理的重要基礎，透過公開與持續的股東溝通，企業能建立起更具韌性與信任的經營環境，強化股東與經營團隊的合作關係。

股東在公司治理中的角色

股東應積極參與企業治理，善用各種財務報表與會議討論，確保公司策略能因應市場變化，達到穩健發展。股東結構不僅影響企業的營運

穩健度,也直接連結到企業在社會責任與永續發展上的承諾,形成企業長期競爭力的關鍵要素。

臺灣公司治理改革下的挑戰與機遇

股東在企業發展過程中扮演多重角色,包括資金提供者、經營決策的監督者以及治理結構的參與者。透過建立健全的股東結構,企業不僅能有效管理財務風險,還能在激烈的市場競爭中站穩腳步。

治理結構與永續發展

臺灣近年的公司治理改革更突顯股東結構的重要性,強調資訊揭露、權益平等與專業治理。股東應該意識到,治理結構的透明與公平,是企業穩定成長與永續經營的保障。

應對市場挑戰的股東智慧

隨著產業環境變化加劇,企業必須重視股東的多元需求,兼顧營運績效與社會責任,才能在國際舞臺上展現競爭力。

股東結構與企業願景的結合

股東結構的設計也應與企業的長期發展願景相呼應,才能讓企業在面對全球挑戰時,展現更強的韌性與競爭優勢。

第四節　創業者的第一桶金怎麼來？

創業起點的資金問題

在臺灣，創業者的第一桶金常被視為開啟夢想與實現目標的基礎。無論是開一家咖啡館、打造數位平臺，還是成立製造業公司，資金總是影響創業能否成功的首要課題。從歷史脈絡來看，臺灣的創業文化多以「勤儉持家、親友互助」為基調。許多創業者仰賴家族資金或朋友合夥，透過小額集資來籌措創業資金。然而，隨著產業結構轉變與全球市場接軌，第一桶金的來源與運用已不僅止於家族支持，而是多元化、專業化的策略考量。

自有資金：風險與信任的投射

對大多數創業者而言，自有資金是創業過程中最直接且最具彈性的來源。自有資金通常來自於個人的積蓄、家族資產或先前職業的儲蓄累積。投入自有資金的創業者，往往具有更強的責任感與決心，因為每一分錢都是血汗換來，風險與信任緊密相連。這樣的資金來源，也賦予創業者在經營決策上更高的自主性與靈活性。

然而，自有資金的使用也代表了相對高的風險承擔。若企業經營不如預期，資金可能迅速消耗殆盡，對家庭財務與個人信用帶來重大衝擊。因此，創業者在投入自有資金時，應秉持謹慎的態度，詳細評估風險與可能的財務壓力。透過明確的預算規畫與現金流管理，創業者能更有效地管控資金運用，降低自有資金投資失敗的風險。

親友支持：社會網絡的延伸

除了自有資金，親友支持是許多臺灣創業者的重要籌資來源。臺灣社會長期強調人情味與親密的社會網絡，親友的支持不僅止於金錢，還包含信任與鼓勵。創業初期，親友的資金往往以免息借款或小額股權投資的形式出現，降低了創業者的融資壓力。

然而，親友支持的背後也隱藏著潛在的關係挑戰。當創業經營出現問題，親友資金往往牽涉更多情感糾葛與倫理壓力。創業者應該明確溝通資金使用方式、回報計畫與風險，確保親友在支持時有合理預期，避免因經營困難影響私人關係。透過簽訂簡易契約或書面承諾，也能有效保障雙方權益。

外部融資：銀行貸款與政府補助

隨著臺灣金融體系日趨完善，銀行貸款與政府補助成為創業者重要的第一桶金來源。銀行貸款相對嚴謹，通常要求明確的財務報表、還款計畫與擔保條件。對創業者而言，雖需付出利息與還款義務，但透過銀行貸款籌措資金，能在保持企業股權完整的同時，迅速取得較大額度的資金。

同時，政府補助與創業貸款專案在臺灣具有良好的推廣基礎。政府部門針對特定產業或中小企業，提供低利貸款、創業競賽獎助與輔導資源等，協助創業者在資金取得與專業能力上獲得支持。創業者應積極掌握政府補助資訊，善用公開資源，減少初期資金壓力。

風險投資：專業化與市場驗證

對於具備高度成長潛力的創業計畫，風險投資（Venture Capital, VC）也是取得第一桶金的管道。風投機構通常看重創業團隊的執行力與市場前景，透過股權投資提供資金，並協助企業整合市場資源。風投資金不僅是財務支持，更是一種信任背書，象徵創業者獲得市場驗證與專業肯定。

然而，風投資金往往伴隨股權稀釋與管理監督。創業者需在取得資金與維護經營自主間取得平衡。對於初創企業而言，能否在與風投的合作中保持財務透明度、確保雙方信任，是成功的關鍵。

多元化資金結構的思考

臺灣創業環境日趨成熟，創業者應善用多元化資金管道，打造靈活且穩健的財務結構。自有資金可作為創業決策的基礎，親友支持與外部融資則補足資金缺口。創業者若能在不同階段靈活運用多元資金，將有助於企業面對市場波動與挑戰，增強財務韌性。

財務規劃與資金運用的智慧

取得第一桶金只是起點，關鍵在於如何妥善運用資金，創造企業的長期價值。創業者應該從一開始就重視財務規劃，明確區分生活開銷與企業營運成本，避免資金混用導致財務困境。透過清晰的財務預算、風險控管與現金流規畫，創業者能讓每一筆投入的資金發揮最大效益。

資金背後的夢想與責任

　　創業者的第一桶金,既是夢想的起點,也是責任的開始。面對多變的市場與不確定的未來,創業者唯有以穩健的財務思維、誠信的資金運用態度,才能讓這一筆資金真正成為支持企業前進的基石。唯有如此,創業之路才能走得更遠,企業的願景才能在現實中開花結果。

第五節　股東會的文化與溝通策略

股東會的基本角色與運作

股東會作為企業最高權力機構，是所有股東共同參與、行使權益的重要平臺。根據臺灣《公司法》規定，股東會負責通過重大經營決策、財務報表及分配盈餘等事項。理論上，股東會應具備決策、監督與溝通的三重功能。然而，在實務運作中，股東會的文化與溝通策略往往決定了企業治理的品質與股東間的信任基礎。

在臺灣，中小企業與家族企業居多，股東結構多樣化，導致股東會的召開頻率與實際運作方式不盡相同。部分企業視股東會為例行公事，缺乏實質溝通與決策意義；另有企業則積極透過股東會進行透明報告與誠信溝通，建立股東間的信任。這樣的文化差異，直接影響企業的財務管理與市場信譽。

臺灣股東會文化的特色

臺灣的股東會文化深受人情味影響，許多企業傾向以「面子文化」處理股東關係，重視場合的和諧與禮節，卻可能忽略實質的財務問題與經營挑戰。這樣的文化氛圍固然有助於維繫人際和諧，卻也可能成為隱藏財務風險與管理疏漏的溫床。

另一方面，隨著公司治理改革的推動，越來越多企業開始重視股東會的專業化與制度化。企業透過股東會報告財務狀況、經營績效與未來規畫，讓股東充分了解公司現況，減少資訊不對稱的問題。這樣的轉變不僅有助於企業透明度的提升，也逐步促進投資人對企業的信任與支持。

股東溝通的挑戰與機會

股東會雖然是企業溝通的重要管道，但如何在有限的時間內兼顧資訊傳遞、股東互動與決策效率，始終是企業面臨的挑戰。臺灣中小企業常見的挑戰包括：資訊揭露不足、決策過程不透明，或是股東會只是形式化程序，缺乏實質意義。

因此，企業應該思考如何透過股東會與股東建立雙向溝通的平臺。例如：透過定期的經營報告書、財務說明會，或是設置股東專線與電子化管道，讓股東能更方便、快速地獲取公司資訊。這樣的溝通策略，不僅能減少股東對企業的疑慮，也能強化公司治理結構的完整性。

財務報告與溝通的透明度

財務報告作為股東會的重要議題，是企業與股東溝通的核心內容。臺灣近年來持續推動國際財務報導準則（IFRS），企業應確保財務報表的真實性與完整性，避免誤導股東或引發不必要的爭議。

創業者或經營團隊在股東會中，應以清晰易懂的方式說明企業的財務狀況與發展策略。避免使用過於專業或艱澀的財務術語，應以淺顯的語言讓所有股東都能理解。這不僅是尊重股東權益，更是企業治理的重要基礎。

股東會的倫理與責任

股東會除了是法律層面的決策機構，也代表企業對外展示治理誠信與社會責任的重要場合。良好的股東會文化應該強調誠信、透明與負責，讓股東會真正發揮監督與支持企業發展的功能。

在臺灣，部分企業已逐步意識到，股東會不是單向報告，而是雙向互動與責任承諾的平臺。企業若能在股東會中展現對股東、員工及社會的責任，將有助於企業形象的提升，並在未來的市場競爭中取得更大的優勢。

溝通策略的實務建議

要建立良好的股東會溝通策略，企業應從以下幾點著手：

(1)定期性：不僅限於法定股東會，應定期舉辦經營說明會或座談會，增進股東對企業的了解。

(2)多元化管道：結合實體會議與數位化平臺，如電子股東會、線上報告書，滿足不同股東的需求。

(3)主動傾聽：設置意見反映機制，鼓勵股東提供建議與回饋，促進企業內外部的良性互動。

(4)誠實揭露：堅守資訊揭露的真實性與完整性，杜絕粉飾與誇大，建立企業的誠信品牌。

股東會文化的演進趨勢

隨著產業環境與社會價值觀的變遷，股東會文化正逐步轉型。從過去重視形式與禮節，轉向實質溝通與決策品質的提升。特別是在永續發展與社會責任日益受到重視的今日，股東會成為企業向外界傳遞誠信與承諾的窗口。

臺灣企業若能在股東會中展現透明、務實與尊重股東權益的態度，將有助於提升企業形象，強化競爭優勢。反之，若股東會僅淪為表面功夫，勢必影響企業的信譽與永續發展。

從股東會看治理未來

股東會不只是企業治理的形式，更是企業文化與經營態度的縮影。唯有建立起健康的溝通文化與透明的決策機制，才能讓企業在瞬息萬變的市場中，持續前行、穩健成長。股東會的文化與溝通策略，不僅是管理工具，更是企業長期競爭力的根基。

第六節　股東權益的法律與倫理基礎

股東權益的法律保障

在臺灣，股東權益的保障是公司治理與企業經營穩健的基礎。依據《公司法》等相關法規，股東擁有基本權利，包括出席股東會、投票權、盈餘分配權及公司重要決策參與權等。這些法律規範旨在平衡股東與經營團隊的權利與義務，確保企業決策的正當性與透明度。

股東權益的保障不僅是形式上的權利列舉，更是企業穩定發展的基石。股東能夠透過行使表決權，參與公司的重大事項決策，避免經營團隊單方面決策，導致企業營運方向偏離股東利益。此外，法律規範如《證券交易法》與「公司治理 3.0- 永續發展藍圖」，也針對上市（櫃）公司提供更多揭露義務與治理指引，提升整體市場的公信力。

股東平等原則與治理挑戰

股東平等原則是公司治理的核心精神之一。無論持股多寡，股東皆應享有同等的資訊權與決策參與權。然而，臺灣部分家族企業或股權高度集中的公司，常出現大股東壓倒小股東的情況。這種權益失衡，若未適當處理，容易引發內部紛爭，影響企業整體的營運效率。

股東會的運作與資訊揭露，應以股東平等原則為基礎，確保所有股東都能充分掌握公司資訊，避免資訊不對稱造成權益受損。特別是在企業面臨重大財務決策、併購重組等議題時，股東間的平等溝通與合理分配更是穩定企業發展的關鍵。

第六節　股東權益的法律與倫理基礎

法律責任與股東義務

　　除了享有權益，股東在法律上也承擔相對的義務。例如：依《公司法》規定，股東須按時繳納認購股款，並在必要時承擔公司的部分法律責任。這意味著，股東投資雖然有限責任，但在法律層面仍有基本的出資義務與誠信義務。

　　誠信義務是企業運作中不可忽視的一環。股東在參與決策或發表意見時，應秉持誠實、正當與負責的態度，避免惡意炒作、內線交易或其他有損公司與其他股東利益的行為。良好的股東倫理意識，能夠提升企業的治理品質，進而增強市場信任度。

股東倫理的價值意義

　　法律雖為股東權益提供明確的制度基礎，但法律規範難以涵蓋所有道德與倫理面向。股東倫理，意指股東在行使權利與履行義務時，應秉持誠信與責任感，考量企業長期發展與社會價值的維護。這樣的倫理意識，讓股東的決策不僅追求短期利益，也重視企業在社會中的角色與影響力。

　　舉例來說，當企業面臨營運轉型或市場衝擊時，股東若能本於企業永續發展的立場，支持經營團隊進行長期規劃與必要投資，而非僅關注短期股利或報酬，這將有助於企業培養更強的市場適應力與競爭力。

股東權益與社會責任的連結

　　在現代企業治理中，股東權益已不僅是追求利潤的代名詞，更結合企業社會責任（CSR）與永續發展的概念。股東若能將社會價值納入權益

追求，將有助於企業建立良好的社會形象，強化與利益關係人的互信基礎。

臺灣愈來愈多企業在股東會中揭露 ESG（環境、社會與公司治理）指標與實踐作為，這不僅是對股東權益的延伸保障，也符合國際市場的期待。股東應意識到，積極支持企業的社會責任行動，將有助於企業在永續經營的路上更具韌性與競爭力。

法律與倫理的平衡思維

企業經營環境的多變，要求股東在行使權益時，兼顧法律規範與倫理價值。法律提供行為的底線，但倫理則是企業永續發展的推進力。股東若能在參與治理時，積極推動資訊透明化、誠信經營與權益平等，將有助於企業塑造正向的治理文化。

此外，股東應該持續學習新興的公司治理與財務管理趨勢，提升自身的監督與支持能力。隨著國際化與數位化浪潮席捲，股東若能與時俱進，不僅能更好地保護自身權益，也能促進企業在變動的市場中穩健前行。

股東溝通與參與的智慧

股東權益的實現，不只是法律保障的結果，也仰賴積極參與與溝通。股東應善用股東會、財務報表與經營說明會等平臺，與經營團隊建立互信與合作關係。透過理性的監督與建設性的對話，股東不僅是資金的供給者，更是企業長期發展的守護者。

股東角色的深遠意義

股東權益的法律與倫理基礎，不僅關乎投資報酬，更是企業文化與社會責任的重要面向。臺灣企業在全球化與多元化的挑戰中，唯有強化股東的法律與倫理素養，才能在永續發展的道路上，穩健前行、共創繁榮。

第七節　股東價值與企業價值的平衡

股東價值的多面向意涵

在企業治理與財務管理的實務中，股東價值經常被視為企業經營的重要目標。傳統上，股東價值通常被定義為股東的投資報酬，包括股利分配、股價成長以及其他與股東相關的利益。然而，隨著市場環境的變化與社會責任意識的提升，股東價值的定義已不僅局限於短期獲利，而是結合長期穩健發展與社會共榮的多元概念。

股東價值的實現仰賴企業持續的經營績效與風險管理能力。企業若能穩健獲利、有效管理現金流並適度分配股東紅利，自然能提升股東對企業的信任與支持。然而，股東價值的追求若過度偏重短期報酬，可能導致企業忽略長期發展的基礎，甚至犧牲社會責任，造成企業與社會的脫節。

企業價值的全面視角

企業價值則是一個更為宏觀的概念，涵蓋企業在經濟體系中的長期發展潛力與社會貢獻。它不僅包括財務報表上的獲利數字，也包含企業品牌形象、顧客關係、技術創新力以及對環境與社會的責任。企業價值的衡量往往更接近企業的真正競爭力與可持續經營力。

在臺灣，隨著 ESG（環境、社會與公司治理）指標的普及，企業價值的內涵已逐步從單純的財務數據，擴展到與利益關係人溝通與社會責任的履行。企業若能在財務表現與社會責任間找到平衡點，不僅能夠強化市場競爭優勢，也能在全球化浪潮中建立穩健的永續經營基礎。

平衡的挑戰：股東利益與企業發展的取捨

如何在股東價值與企業價值間取得平衡，是企業治理中最具挑戰性的議題之一。許多臺灣企業，尤其是中小企業，經常面臨短期現金流壓力，股東期望分紅回報與企業留存資金投資未來間，形成經營者的重大抉擇。

股東往往希望取得穩定的股利分配，作為對投資風險的合理報酬。然而，若企業過度偏重股東分紅，將可能壓縮再投資與創新發展的空間，削弱企業長期競爭力。反之，若經營團隊過度專注於再投資與擴張，而忽視適度回饋股東，也容易引發股東對企業方向的疑慮與不滿。

公司治理的關鍵角色

在這種情況下，良好的公司治理結構便扮演關鍵的平衡角色。臺灣自公司治理 3.0 藍圖推動以來，已逐步強調資訊揭露透明化與股東權益的平等對待。透過制度化的董事會機制與股東會的民主監督，企業能夠在短期財務績效與長期價值投資間取得更合理的分配與平衡。

經營團隊應積極與股東保持透明且持續的溝通，說明企業在市場定位、技術創新與永續發展上的中長期布局。股東若能從企業治理架構中，感受到自身利益與企業願景緊密相連，將更有意願支持企業的轉型與投資決策。

財務透明化與股東信任

財務透明化是建立股東信任的重要基石。臺灣企業在財務報表編製與資訊揭露上，應遵循國際財務報導準則，確保數據的真實性與完整性。經營團隊若能在股東會中以清晰易懂的方式說明財務狀況，並提出

合理的未來發展策略，將有助於股東信任的累積，並進一步支持企業的長期發展計畫。

社會責任與股東價值的連結

值得注意的是，企業若能積極履行社會責任，往往也能為股東創造長期價值。企業的社會形象與品牌信任度，能轉化為市場競爭力與獲利空間，進一步提升股東權益。對於臺灣企業而言，結合在地文化特質與國際治理趨勢，已成為永續經營不可或缺的思維。

股東應該從更長遠的角度思考，支持企業進行社會責任與永續發展投資，視之為強化企業價值的重要策略，而非單純的成本負擔。

持續學習與溝通的力量

在快速變化的全球市場中，股東與經營團隊必須持續學習新興的財務管理與治理觀念。透過參與教育訓練、投資論壇以及與企業管理層的積極對話，股東能更深入了解企業的挑戰與機會，進一步協助企業在市場中保持彈性與韌性。

共創股東與企業的雙贏局面

股東價值與企業價值的平衡，並非簡單的二擇一，而是需要透過誠信溝通、資訊透明化與長期願景，找出最適合的協調機制。對臺灣企業而言，這樣的平衡思維不僅是財務操作的挑戰，更是企業永續經營的根本課題。唯有讓股東與企業同心協力，才能在競爭激烈的市場中，共創繁榮與穩健成長的新局面。

第八節　永續經營視野下的股東思維

永續經營的新時代意義

隨著全球化、氣候變遷與社會價值觀的轉變，永續經營已成為企業發展不可逆轉的趨勢。臺灣企業不論規模大小，皆面臨從傳統獲利模式轉向兼顧社會、環境與經濟面向的挑戰。對股東而言，這代表著思維模式的轉變：從短期財務回報導向，邁向結合企業長期發展與社會責任的全方位視野。

永續經營不只是口號或流行概念，而是關乎企業在市場中的長期韌性與競爭力。企業若能積極融入環境保護、社會公益與誠信治理，不僅能在消費者心中建立信任感，也能吸引更多國際資本與合作夥伴。這樣的轉型，必須從企業內部文化開始，而股東正是推動企業邁向永續發展的重要推手。

股東在永續發展中的角色

股東作為企業的所有者，應當理解永續發展對企業長期價值的貢獻。當企業投入永續發展策略時，雖可能面臨初期的成本支出與資源分配挑戰，但長期而言，能帶來更穩健的市場競爭優勢。股東應將永續視為企業價值的重要組成部分，而非額外負擔。

例如：企業若投入綠色供應鏈或永續產品開發，雖然需要更多前期投入，但長期將有助於企業在國際市場中的差異化定位，增強市場占有率。股東應了解到，這樣的投資報酬，遠比單一財務報表上的短期收益更具深遠影響。

ESG 指標與股東決策

在臺灣，ESG（環境、社會與公司治理）指標已逐漸被納入企業經營評估的重要指標。政府與各大交易所也積極推動企業資訊揭露與永續報告書的編制，讓投資人與社會大眾更能了解企業的永續發展路徑。對股東而言，這意味著投資決策的依據不僅局限於財務報表，更應結合企業在社會責任與環境永續上的承諾與成果。

股東若能主動關心企業在 ESG 層面的表現，並積極參與股東會、經營說明會等場合，將有助於企業在永續發展與市場競爭間取得更穩健的平衡。這樣的參與不只是投資人的權利，更是對企業治理文化與社會責任的一種積極實踐。

股東溝通與透明治理

永續發展不可能在資訊不對稱或溝通不足的情況下實現。股東應與經營團隊建立透明的溝通管道，促進永續議題的對話與討論。透過股東會、投資人關係平臺與各類型的意見徵詢機制，股東能更了解企業在永續發展上的思考與行動計畫。

同時，企業也應透過持續揭露與溝通，讓股東明白永續策略的長期意義。股東若能理性看待短期財務報表的波動，並支持企業在環境保護、社會貢獻與治理透明上的努力，將能共同為企業創造更大的長期價值。

股東倫理在永續視野下的深化

永續經營視野不只是經營團隊的責任，也要求股東本身具備倫理思維與長期視角。股東在參與企業治理時，應關注企業是否善盡社會責

任、是否具備良好的治理結構與環境保護承諾。這樣的股東倫理，能讓企業決策不再局限於財務指標，而是從多元面向兼顧社會與環境。

在臺灣，愈來愈多投資人開始重視企業的永續表現，股東若能以更開放的心態擁抱這種趨勢，將有助於企業文化的轉型與提升。從長遠來看，這樣的思維也有助於企業在國際供應鏈與合作夥伴中的競爭優勢，創造更穩健的經營基礎。

長期思維與企業發展

企業要達到永續經營的目標，必須建立長期願景與策略，而股東的支持是實現這些目標的基礎。股東若能理解企業發展的長期性質，將有助於企業在面臨短期市場壓力時，保持策略的連續性與穩健性。

具備長期思維的股東，會將企業的成長與社會共榮視為同一個整體，而非彼此對立的利益。這樣的視角，讓股東不僅是投資人，更是企業轉型與創新的夥伴。

共築永續發展的未來

在永續經營的視野下，股東思維的轉型是企業治理文化與競爭力提升的關鍵。臺灣企業面對全球市場與在地社會的多元挑戰，唯有股東與經營團隊共同擁抱永續理念，才能讓企業在競爭激烈的環境中，穩健成長、持續茁壯。股東的智慧與胸懷，將成為企業永續發展最堅實的後盾。

第一章　財務管理的起點：股東與創業思維

第二章
從「自養」到「他養」：企業成長策略

第二章　從「自養」到「他養」：企業成長策略

第一節　企業發展與治理的必要性

企業發展的時代背景

　　隨著全球經濟的變動與市場競爭的日益激烈，企業發展已不再是單純的資源堆疊或機會主義的選擇。對於臺灣企業而言，面對國際供應鏈重組、科技變革與區域經濟合作等挑戰，企業發展的策略不僅要追求成長與規模化，更要兼顧治理結構與經營效率。

　　在過去，臺灣許多中小企業在創業初期依賴家族資本與人脈網絡，形成以家族治理為主體的經營模式。然而，隨著市場需求的多樣化與國際競爭的加劇，家族式經營逐漸暴露出決策效率低落、內部溝通失衡等問題。為了因應外部市場變化與內部結構調整，企業治理的重要性愈發突顯。

企業發展與治理的雙軌驅動

　　企業發展與治理之間，並非彼此對立的選擇，而是相互依賴、互為補充的雙軌驅動力。企業若想持續成長，必須建立有效率的決策體系與專業化管理機制；同時，企業治理的完善也有賴於企業穩健發展所累積的資源與經驗。

　　治理結構能夠協助企業在發展過程中，妥善管理財務風險、平衡利益關係人需求，並在面臨市場波動時，維持經營彈性與韌性。例如：董事會的專業性與獨立性，能有效監督企業經營團隊的策略方向，防範可能出現的短視近利行為。

　　相對地，企業若缺乏良好的治理文化，容易因為內部決策權力過度集中或資訊不對稱，導致資源錯置與衝突擴大，最終影響企業的永續經

營能力。臺灣過去許多企業面臨財務危機，往往與治理架構鬆散、監督不足有關，顯示出治理在企業發展中的關鍵地位。

治理機制的核心功能

企業治理的基本功能，包含決策監督、風險控管與資訊透明化。透過健全的治理架構，企業能夠更精準地分配資源，避免因資訊落差而產生決策偏差。例如：股東會作為企業最高權力機構，應負責審議公司發展方向與財務計畫，確保重大決策反映股東利益與企業願景。

另一方面，董事會與監察人制度則扮演日常治理的關鍵角色。董事會的專業背景與多元視角，有助於企業在不同成長階段調整策略方向，並確保經營決策的正當性。監察人或審計委員會則能進一步提升財務透明度，降低財務舞弊或管理疏漏的風險。

臺灣企業治理的發展現況

臺灣近年積極推動公司治理 3.0 藍圖，強調資訊揭露的完整性、董事會的多元化與股東平等權益的落實。對於企業而言，這代表治理已不再是單一部門的職責，而是企業整體文化的一部分。企業治理的強化，有助於提升市場信任度，吸引更多國內外資金與合作夥伴，進一步推動企業成長與轉型。

例如：臺灣上市（櫃）公司在 ESG 資訊揭露、獨立董事設置等方面的普及率持續提升，顯示治理已成為企業品牌與競爭力的重要指標。中小企業雖在制度化程度上尚有差距，但許多企業已開始重視治理架構的專業化與系統化，逐步建立符合市場與社會期待的治理模式。

第二章　從「自養」到「他養」：企業成長策略

企業發展與治理的相互影響

　　企業的成長動力來自於創新、效率與市場應變能力，而治理結構則是支撐這些能力的關鍵保障。沒有治理的支持，企業可能在成長過程中迷失方向，或因決策過程的失衡而損害長期利益。反過來說，缺乏發展動能的企業，也難以吸引優秀的治理人才或完善治理機制。

　　在臺灣產業轉型的脈絡下，許多企業已開始意識到，治理不只是合規義務，更是創造企業價值的重要驅動力。透過治理機制的優化，企業能在面對數位轉型、國際市場開拓與人才培育等挑戰時，做出更具前瞻性與靈活度的決策。

永續發展的治理視角

　　永續經營已成為當代企業治理的核心命題。臺灣社會日益關注企業在環境、社會與治理（ESG）上的表現，股東與市場對企業的期待也不再局限於短期獲利。對股東而言，良好的治理機制是企業能否落實永續策略的關鍵；對企業而言，治理是內部調適與外部溝通的橋梁。

　　透過治理機制的落實，企業能確保永續發展的承諾不流於口號，而是成為經營決策的核心依據。例如：董事會在永續議題上的專業委員會設置，能讓永續策略更貼近企業實際經營狀況，進而在市場中建立差異化競爭力。

治理文化的建立與深化

　　企業治理不只是制度設計，還包括治理文化的建立。良好的治理文化強調誠信、透明與責任感，能讓治理機制真正落實到企業日常經營

中。對於臺灣企業而言，如何在傳統家族文化與現代專業治理間取得平衡，是治理文化深化的重要課題。

經營團隊應該以開放的態度面對股東與市場的質疑，並主動透過溝通管道建立互信基礎。股東則應從長期價值的視角支持企業治理改革，共同推動企業在成長與穩健經營間找到最佳平衡點。

企業發展的治理基礎

企業發展與治理的關係，展現了企業從「自養」到「他養」的轉變過程。唯有透過治理機制的建立與文化的培育，企業才能在動盪的市場環境中，維持穩健經營、拓展成長動能。對臺灣企業而言，這不僅是國際競爭的門票，更是企業永續發展的根基。

第二節　職業經理人制度與財務治理

職業經理人的概念與角色

在當代企業經營中，職業經理人制度被視為推動企業專業化與穩健經營的重要機制。所謂職業經理人，指的是受雇於企業、具備專業經營與管理能力的專業經理階層，與企業股東之間不存在家族或血緣關係。與傳統家族經營者不同，職業經理人以專業知識與管理經驗為基礎，專注於企業的長期發展與績效提升。

在臺灣，中小企業普遍以家族式經營起家，股東與經營團隊往往高度重疊。然而，隨著企業規模擴大與市場國際化，專業化經營需求日益增加。職業經理人制度因此逐漸受到重視，被視為企業邁向「他養」成長策略的重要途徑。

職業經理人制度的發展脈絡

臺灣的職業經理人制度發展，與企業治理改革密切相關。早期，家族企業的治理多半依賴「家族成員信任」而非「專業能力」作為用人標準。然而，隨著產業競爭白熱化，家族經營逐漸無法滿足多元化與專業化的經營需求，職業經理人的引進成為必然趨勢。

尤其在上市（櫃）企業中，聘任職業經理人已成為普遍現象。企業藉由引進外部專業人才，補足家族經營的專業短處，提升公司治理的專業性與透明度。這不僅有助於提升市場信任度，也有助於企業在國際化浪潮中保持競爭力。

財務治理中的職業經理人角色

財務治理作為企業治理的核心,與職業經理人的專業性密不可分。職業經理人在財務治理中扮演三個關鍵角色:決策規劃者、監督執行者以及溝通橋梁。

首先,作為決策規劃者,職業經理人必須協助企業制訂中長期財務策略,確保資金運用的有效性與風險可控性。這包括資本結構的優化、投資決策的審慎性以及現金流管理的穩健性。

其次,職業經理人作為監督執行者,負責確保企業財務政策的落實與調整。透過內部控制機制與財務分析報告,職業經理人能協助企業即時掌握財務健康狀況,並提出因應策略。

第三,職業經理人亦是溝通橋梁,協助股東、董事會與經營團隊之間進行有效溝通。透過專業報告與建設性對話,職業經理人能協助平衡股東的投資報酬期待與企業的永續經營目標,確保各方利益的一致性。

臺灣企業的挑戰與機遇

臺灣企業在引進職業經理人制度時,面臨多重挑戰。最主要的挑戰在於治理文化與專業經營的衝突。許多家族企業慣於透過親信掌控經營權,對職業經理人的專業意見抱持保留態度。這種不信任感,若未能適當處理,將阻礙專業化治理的發展。

然而,職業經理人制度也帶來了轉型機會。透過制度化與契約化管理,企業能更有效界定股東與經營者的權責邊界,避免權力集中與資訊不透明的問題。當職業經理人能夠獲得足夠的信任與授權,企業的經營彈性與專業能力將大幅提升。

職業經理人的財務治理能力

在財務治理的專業層面，職業經理人具備多項優勢。首先，他們通常具備財務報表分析與預算管理的專業訓練，能更敏銳掌握財務風險與機會。其次，職業經理人熟悉資本市場與投資環境，能協助企業在外部融資與投資決策中，找到最適合的平衡點。

此外，職業經理人也較具備跨部門整合能力，能在研發、生產、行銷等部門間，建立更科學的資源分配機制，提升整體經營效率。這樣的能力，在企業成長與國際化過程中，顯得尤為關鍵。

職業經理人制度的倫理挑戰

職業經理人制度雖帶來專業化與透明化的優勢，但也可能面臨倫理風險。職業經理人若將個人績效放在企業整體利益之上，可能出現短視近利的決策，或在股東壓力下做出不符合長期發展的財務操作。

因此，臺灣企業在建立職業經理人制度時，應同時重視倫理治理。透過內部稽核、資訊揭露與職業倫理教育等制度，企業能建立更堅實的治理基礎，避免制度化過程中出現道德風險。

建立信任的治理文化

職業經理人制度的成功關鍵，在於股東、董事會與職業經理人之間的相互信任與尊重。唯有建立透明、公正與科學的溝通機制，才能發揮職業經理人在財務治理上的專業能力，協助企業在瞬息萬變的市場中保持競爭力。

對臺灣企業而言，這也是治理文化深化的必修課。從家族治理到專

業治理的轉型，不僅是企業規模的成長，更是企業價值觀與組織文化的全面進化。

專業治理的新時代

職業經理人制度與財務治理的結合，是企業在全球化與數位化競爭中不可或缺的基礎。臺灣企業唯有擁抱專業經理人的專業價值，並在信任與透明的治理文化中，不斷優化財務決策與組織運作，才能在競爭激烈的國際市場中，持續成長、茁壯發展。

第二章　從「自養」到「他養」：企業成長策略

第三節　企業成長的多元路徑

企業成長的基本意義

企業成長一直是經營管理的重要目標與核心動力。對臺灣企業而言，成長不只是規模的擴張，更是面對全球化競爭與產業升級挑戰的必經之路。成長能夠帶動企業獲利提升、資源優化與市場拓展，進而創造長期的永續發展基礎。然而，企業成長的實現不僅依賴內部創新與外部機遇，還必須兼顧治理結構與社會責任，才能形成穩健的成長動能。

成長的多元化策略

企業成長的路徑多元化，展現在不同階段與市場環境下，企業可運用各種策略。從傳統的內生成長到外部擴張，每一種成長模式都有其適用情境與挑戰。

首先，內生成長是企業最直接、最穩健的成長方式。這種成長模式強調企業透過提升生產力、優化營運流程與加強內部管理，實現逐步擴大的營運規模。對於中小型企業而言，內生成長往往依賴創新產品的推出、服務升級與品牌力的強化，以因應競爭激烈的市場環境。

其次，外部擴張是企業面對成長瓶頸時，常見的突破策略。這包括透過併購、合資、策略聯盟或跨國合作等方式，快速獲得市場資源與技術優勢。外部擴張雖然能在短期內帶來規模效應與市占率提升，但也伴隨整合風險與文化衝突，企業必須做好治理規劃與風險評估。

產品與市場多角化的成長思維

在產品面向，企業可透過產品多角化策略，將既有技術或服務能力，延伸至相關或全新產品領域，進而開拓新市場與分散風險。例如：臺灣許多科技企業在本業基礎上，進一步布局智慧製造、綠色科技或 AI 應用等新興產業，實現產品線的多元化。

在市場面向，企業也可藉由市場多角化策略，拓展地域市場或服務不同客群。特別是在全球供應鏈與電子商務的驅動下，企業能夠透過跨境電商、海外據點設立等方式，進一步打破地域限制，擴大市場版圖。

創新驅動的成長動力

無論是內生成長還是外部擴張，創新都是企業成長的重要驅動力。創新不僅止於技術面，也包含管理模式、行銷策略與客戶體驗的全面革新。臺灣中小企業在面對國際市場挑戰時，若能結合在地優勢與全球趨勢，積極培養創新文化，將能在成長路徑中脫穎而出。

例如：許多臺灣製造業企業在傳統優勢上，持續投入研發資源，推動智慧化與綠色製造，創造差異化競爭力。創新同時也是企業治理文化的一部分，透過跨部門合作與專業經理人的引進，創新不再是單一部門的責任，而是整體經營策略的核心。

風險管理與成長的平衡

企業在追求成長的同時，風險管理不可或缺。無論是外部擴張還是產品多角化，企業都面臨資金壓力、組織整合與市場接受度等挑戰。妥善的風險管理，必須從財務、法務與治理三方面著手，確保成長策略不

會因短期失誤而損害企業長期競爭力。

在財務面，企業需謹慎規劃資金運用與融資結構，避免過度依賴負債或無法預期的外部資金，導致現金流困難。法務與合規面則關乎併購整合與跨國經營的合法性，尤其在臺灣企業國際化進程中，合規風險管理是避免法律爭議與品牌受損的關鍵。

合作關係與治理的深化

成長往往意味著跨部門、跨國界的合作。這樣的合作關係，要求企業治理結構更透明、更彈性。股東、經營團隊與合作夥伴之間，必須建立互信與專業化的合作機制，才能確保成長策略能落實於實務經營中。

臺灣許多企業在跨國合作與策略聯盟過程中，逐步認識到治理機制的關鍵價值。透過清晰的契約安排、持續的溝通與權責分明的組織架構，合作關係不再只是短期交易，而是共創長期價值的基礎。

永續發展與成長的協調

當代企業成長已不再僅是財務數字的追求。社會對企業的永續發展有更高期待，股東與顧客也更加關注企業在環境保護與社會責任上的投入。企業成長策略若能結合 ESG 思維，將不僅提升企業形象，更能帶動長期的市場競爭力。

臺灣企業在轉型升級過程中，愈加重視如何在成長過程中，兼顧環境與社會責任。例如：製造業企業在擴張產能同時，投入節能減碳與智慧生產，展現出結合成長與永續的決心。

多元路徑中的治理智慧

企業成長的多元路徑，是臺灣企業在全球化浪潮中的新機會與新挑戰。唯有在治理機制的支撐下，企業才能在各種成長策略間靈活調整，實現穩健發展。對於每位經營者與股東而言，成長不只是財務指標的提升，更是企業文化、社會責任與永續競爭力的全面進化。這樣的平衡與協調，將是企業在未來市場中脫穎而出的不二法門。

第四節　財務資源運用的彈性策略

財務資源運用的核心概念

財務資源的有效運用，是企業成長與永續經營的基礎。企業無論規模大小，皆必須面對資金來源與運用的選擇與規劃。財務資源運用的彈性策略，強調企業能在動態的市場與產業環境中，適應外部變化與內部需求，靈活配置資金，降低經營風險並提高經營效率。

對於臺灣的中小企業而言，彈性的財務策略更顯得關鍵。面對全球供應鏈波動、科技創新壓力與國際市場開放，企業若能靈活運用財務資源，將能在競爭激烈的市場中站穩腳步，並尋求成長機會。

資金來源與運用的多元性

企業的財務資源來源，通常包含自有資金、銀行融資、政府補助以及股東或策略夥伴投資等。面對多變的市場，企業應從資金來源的多元化出發，降低對單一融資管道的依賴。多元化的資金來源，能協助企業在景氣循環中維持資金彈性，減少融資壓力。

在資金運用層面，企業必須平衡短期營運資金與長期投資需求。透過明確的預算規劃與現金流控管，企業能在資金有限的情況下，確保資金的高效使用，並兼顧未來發展的投資需求。

第四節　財務資源運用的彈性策略

財務策略的彈性特質

彈性財務策略的核心，在於快速應變與持續調整。企業應該建立動態的財務監控系統，隨時掌握市場動態與內部營運需求，並透過即時調整資金配置，避免資源錯置或閒置。

舉例而言，企業在面對突如其來的市場需求變化時，若能靈活調度資金，優先投入能帶來營運效益或市場突破的領域，將有助於提升企業整體的市場敏感度與競爭力。同時，企業也應避免將所有資金過度集中於單一專案或部門，應分散投資組合，以分散市場與產業波動帶來的風險。

臺灣企業的實務挑戰

臺灣企業在實務上，常面臨財務彈性不足的問題。特別是中小企業，普遍存在資金來源單一、財務結構不均衡的現象。部分企業依賴單一銀行貸款，若市場景氣下滑或借款條件收緊，往往面臨資金斷裂的風險。

此外，傳統家族企業對外部資金的接受度較低，對於股權融資或策略夥伴投資，仍存在疑慮與保守態度。這種結構，雖然在短期內維持了家族經營的控制力，卻可能限制企業的成長彈性與資本運用效率。

彈性策略中的風險控管

財務彈性不代表無限制的資金運用，而是要在風險控管的前提下，建立靈活的財務結構。企業在規劃財務策略時，應該將風險評估納入決策流程，設立合理的財務指標與預警系統，確保資金運用不偏離企業整體發展方向。

例如：企業可透過建立流動比率與負債比率等財務指標的監控，確保短期與長期資金平衡。對於較高風險的投資計畫，企業可採取階段性投入與績效評估，避免一次性大額投入導致現金流壓力過大。

技術與數位化助攻

在現代企業經營環境中，數位化工具為財務資源運用帶來新的彈性可能性。臺灣許多企業已引進 ERP（企業資源規劃）系統、雲端財務管理平臺等工具，透過即時資料分析與數位化決策，企業能更快速地調度資金、監控風險與發現潛在機會。

數位化也有助於提高企業與外部合作夥伴的溝通效率，促進資金運用的透明化與專業化。這對於臺灣企業在國際市場拓展中，建立良好的財務治理形象，亦有加分效果。

彈性策略與企業文化的結合

財務彈性策略的成功推動，離不開企業文化的支持。企業若能培養開放、溝通與合作的文化，將更容易在面對外部變動時，迅速調整策略與資金配置。相反，若企業文化僵化，管理階層對財務調整缺乏彈性思維，將難以應對多變的市場挑戰。

因此，企業應該從領導層開始，強化財務彈性思維，並在組織內部落實跨部門合作與持續學習。透過內部治理與財務透明化的推動，企業能更有效運用各種財務工具，達成穩健發展與成長目標。

第四節　財務資源運用的彈性策略

財務彈性的關鍵價值

　　財務資源運用的彈性策略，是臺灣企業在全球化與市場多變環境中的生存之道。它不僅關乎財務部門的管理技巧，更是企業經營策略與文化的綜合展現。唯有持續培養彈性的財務思維，並將其融入治理架構與企業願景，企業才能在瞬息萬變的市場環境中，展現出更強的韌性與競爭力，實現長期永續發展的目標。

第五節　資金籌措與經營策略協同

資金籌措的關鍵地位

在企業經營中，資金是推動業務拓展、技術創新與市場布局的基礎。無論是初創企業還是成熟企業，資金籌措始終扮演著不可或缺的角色。尤其是在高度競爭與市場快速變動的臺灣經濟環境中，資金籌措能力往往決定了企業的競爭力與成長彈性。

企業的資金需求，來自於日常營運、擴張投資或風險管理等多元面向。這也意味著，企業必須根據不同的發展階段與策略目標，靈活調整資金來源與運用方式。若能將資金籌措與經營策略系統結合，企業便能在資金壓力與市場機會間取得最佳平衡。

資金來源的多樣化選擇

企業的資金來源多樣，涵蓋內部自有資金、銀行融資、股權融資、政府補助以及策略夥伴投資等。對於臺灣的中小企業而言，銀行貸款與自有資金仍是主要來源。然而，隨著金融科技的發展與創投市場的成熟，更多元的資金管道如群眾募資、策略投資也逐步受到重視。

多樣化的資金來源，有助於企業在不同經濟環境下保持資金彈性，減少對單一融資方式的依賴。特別是面對國際供應鏈風險與產業轉型壓力，企業若能適時運用多元資金，將有助於減輕財務風險，提升經營靈活度。

經營策略與資金籌措的協同關係

企業在籌措資金時，必須將其納入整體經營策略之中。資金運用的方向與方式，必須與企業的發展目標、產品定位與市場策略相符，才能發揮最大效益。這種協同關係，不僅能確保資金運用的效率，也能避免財務結構與經營策略脫節，造成企業經營風險。

舉例而言，若企業以國際市場拓展為主要目標，資金規劃應考量國際布局所需的市場調查研究、品牌推廣與供應鏈整合等費用。反之，若企業專注於技術研發，則應優先將資金投入於研發團隊與設備升級，確保技術領先優勢。

臺灣企業的挑戰與調適

在臺灣，許多中小企業由於家族經營傳統，資金籌措往往以自有資金與親友借貸為主。雖然這樣的模式降低了外部監管壓力，但也限制了企業的成長彈性。部分企業對於引進外部資金持保留態度，擔心影響家族控制權或內部決策的穩定性。

然而，面對產業快速升級與國際市場競爭，企業若無法善用外部資金，往往無法快速掌握市場機會。臺灣許多新創企業已開始透過創投基金與策略投資，快速擴展產品線與市場規模。這種彈性的融資思維，是企業能否在競爭中脫穎而出的關鍵。

財務結構的優化與風險控管

資金籌措雖為企業帶來擴張機會，但同時也增加了財務風險。企業必須在借款結構、股權稀釋與現金流管理之間取得平衡。借款雖能迅速

第二章　從「自養」到「他養」：企業成長策略

取得資金，卻伴隨利息與還款壓力；股權融資則可能影響經營自主權。企業應透過財務結構優化，找出最符合自身發展階段與風險承擔能力的融資組合。

臺灣企業可藉由監控負債比率、流動比率等財務指標，建立風險預警系統，降低因資金過度槓桿化所帶來的經營衝擊。同時，透過內部審計與法務把關，確保融資過程的合規性與穩健性，避免財務操作成為經營風險的源頭。

策略性合作與資金運用效益

資金籌措不應僅被視為資金取得的過程，更是企業與外部合作夥伴建立長期策略關係的契機。透過與金融機構、創投基金或策略合作夥伴的深度合作，企業能不僅獲得資金，更能取得市場資源與技術支持，實現經營策略的綜效。

例如：許多臺灣企業透過與大型集團或國際企業策略聯盟，取得研發資源、品牌背書與市場通路，形成互補優勢。這種合作型的資金運用，不僅強化企業的市場競爭力，也提升了財務資源的運用效益。

資金與永續經營的結合

當前企業經營已不僅關注獲利，社會責任與永續發展成為市場與股東的新期待。企業在規劃資金籌措時，應同步思考其對環境與社會的影響，避免短期籌資行為影響長期形象與永續策略。

臺灣企業逐漸重視ESG議題，透過綠色債券、永續發展貸款等新型資金工具，兼顧企業發展與社會責任。這種結合經營策略與永續思維的資金運用，將有助於企業在國際市場中建立差異化形象，提升長期競爭力。

協同的價值與挑戰

資金籌措與經營策略的協同，是企業成長與穩健經營的基礎。唯有在治理結構的保障下，企業才能透過靈活的資金策略，支撐多元的市場機會與挑戰。對於臺灣企業而言，這種協同不僅是資金運用的專業化，更是企業價值觀與文化的深化展現。唯有如此，企業才能在瞬息萬變的市場中，穩健成長、持續茁壯。

第六節　財務決策中的風險與報酬

財務決策的核心內涵

在企業經營管理中，財務決策扮演著舉足輕重的角色。財務決策涵蓋資金籌措、投資規劃、資產配置與風險管理等多元面向，直接影響企業的成長路徑與市場競爭力。對於臺灣企業而言，財務決策不僅關乎企業內部的經營效率，更牽動著與股東、員工與社會的利益平衡。

財務決策的核心挑戰，在於如何在風險與報酬間取得最佳平衡。過度保守可能限制企業的成長與創新空間；過度激進則可能導致資金斷裂或經營危機。唯有在明確的治理架構與持續的市場觀察下，才能做出具備前瞻性與穩健性的財務決策。

風險與報酬的基本概念

風險與報酬是企業財務決策的兩大面向。所謂風險，是指未來的不確定性，可能導致預期結果的偏差；而報酬，則是企業因承擔風險而期待獲得的回報。這兩者密不可分，形成企業財務決策的基本邏輯基礎。

例如：企業若投入高風險的技術研發，雖有可能因技術突破而大幅提升競爭力，卻同時面臨市場接受度不佳或技術落後的風險。企業若僅關注報酬，忽略風險，往往在面對市場震盪時陷入困境；相反地，若過度聚焦風險而停滯不前，也將錯失市場機會與成長潛力。

臺灣企業的風險管理現況

臺灣企業在過去的經營模式中，多以家族式與中小企業為主，對財務風險管理的專業化認知有限。雖然企業普遍具備穩健經營的文化，但在市場快速變化與國際競爭加劇下，單純依賴經驗與直覺的決策模式，已難以因應日益複雜的財務挑戰。

近年來，隨著國際化與產業轉型的推進，愈來愈多臺灣企業意識到專業化財務管理的重要性。透過引進職業經理人、建立內部財務分析團隊與善用外部財務顧問，企業逐步強化財務決策的專業化與科學化，並在市場競爭中累積更強的抗壓韌性。

財務決策的評估與實務運用

在財務決策的過程中，企業應該採用系統化的評估工具與方法。常見的財務評估指標包括投資報酬率（ROI）、內部報酬率（IRR）、現金流折現（DCF）等，協助企業在面對多元化的投資選項時，找出最具價值的決策路徑。

同時，企業在做出財務決策時，應考量外部市場環境與內部資源條件的變化。例如：面對景氣波動與利率變化，企業應調整資金運用與債務結構，避免因環境變化導致財務負擔急劇增加。

風險管理的工具與機制

風險管理是財務決策的基礎工程。企業應該透過多元化的風險管理工具，建立健全的財務安全網。常見的風險管理手段，包括財務避險、保險安排與資產配置多元化。

例如：製造業企業可透過期貨或外匯避險，減少原物料價格波動或匯率風險的衝擊；服務業企業則可透過策略性合作或市場多角化，分散單一市場需求下滑的風險。透過這些機制，企業不僅能穩定財務表現，還能在動盪的市場中保持經營彈性。

財務決策與治理結構的關聯

良好的治理結構是確保財務決策品質的基礎。企業若能在董事會、監察人或審計委員會層面，建立專業化的決策與監督機制，將有助於財務決策的科學性與透明度。

臺灣企業在推動公司治理 3.0 藍圖的背景下，董事會多元化與獨立董事制度已逐步普及。這樣的治理結構，不僅強化了財務決策的風險評估，更有助於平衡股東、經營團隊與社會各界的期望。

財務決策中的倫理挑戰

財務決策的過程中，倫理問題同樣不可忽視。企業若僅從短期報酬出發，忽略誠信經營與社會責任，將可能埋下財務醜聞或市場信任危機的隱患。

舉例來說，部分企業為追求短期財報亮麗，可能出現隱匿債務、誇大收入或其他財務不實行為。這些行為雖可能在短期內提升股價或經營績效，卻嚴重損害企業的信譽與永續經營基礎。對此，企業應在決策中融入倫理思維，透過資訊透明與誠信文化，確保財務決策符合長期發展與社會期待。

風險與報酬的智慧平衡

　　財務決策的藝術，正是風險與報酬的智慧平衡。臺灣企業若能在財務策略中，兼顧風險管理、績效評估與倫理治理，將能在瞬息萬變的市場中，保持穩健的成長動能與持久的競爭力。這樣的智慧與遠見，將是企業面對未來挑戰的最佳保障。

第八節　財務策略與企業永續發展

永續發展的新經營視角

在全球經濟與產業結構劇烈變動的當下，企業永續發展已成為不可逆的經營趨勢。對於臺灣企業而言，永續發展不僅是因應國際市場與法規壓力的必然選擇，更是打造長期競爭力與企業韌性的關鍵。財務策略，作為企業治理與經營的核心，如何融入永續發展視野，成為企業面對未來挑戰的重要課題。

財務策略與永續發展的結合

傳統財務策略強調資金運用的效率與獲利最大化，而現代企業則需在財務策略中，兼顧環境、社會與治理（ESG）的三大面向。這種結合，意謂企業不再僅僅追求股東的短期報酬，而是以更全面的視角，考量各利益關係人的需求與社會責任。

例如：企業在進行資金籌措與投資決策時，需同時評估其對環境的影響、對社會的回饋，以及治理結構的透明與穩健。透過這樣的財務策略調整，企業不僅能強化自身的市場韌性，也能贏得投資人與消費者的長期信任。

臺灣企業的永續財務實踐

臺灣企業在永續發展的財務實踐上，已有不少積極的案例與趨勢。許多製造業者透過綠色融資與節能減碳專案，降低生產成本與環境負擔；

科技與服務業者則投入 ESG 報告編制，提升資訊透明度與社會形象。

政府與金融機構也推出多項永續發展相關的融資工具，如綠色債券、永續發展貸款與低碳轉型專案，協助企業在資金籌措過程中，結合永續目標。這些機制的完善，讓企業更有誘因與能力，將財務策略與永續發展融合，形成雙贏的經營模式。

財務決策中的永續風險評估

企業在制定財務策略時，應將永續風險納入決策架構。這包括環境風險（如氣候變遷帶來的極端氣候與政策衝擊）、社會風險（如勞動條件與社會觀感問題）以及治理風險（如資訊不透明與內部控制不足）。透過永續風險評估，企業能更全面地掌握財務決策對整體經營的影響。

此外，企業也應結合財務指標與永續指標，建立綜合評估模型。這樣的決策模式，不僅符合國際投資人對 ESG 資訊的期待，也有助於企業在多變的市場中，維持穩健的財務結構。

內部治理與財務策略的連結

永續發展思維要求企業從內部治理結構做起。董事會與高階管理團隊，應該將永續發展納入企業的核心策略與決策流程，並確保財務政策與永續目標之間的協調性。

臺灣許多企業已開始設立 ESG 專責委員會或永續長（Chief Sustainability Officer, CSO），協助整合財務與永續策略。這樣的治理創新，不僅提升了財務決策的專業性，也展現企業對永續發展的承諾。

財務創新與社會責任的融合

現代企業的財務策略，應超越傳統融資與投資模式，積極尋求與社會責任相結合的創新方式。舉例而言，發行綠色債券或社會責任債券，讓企業在籌資過程中，直接連結到環境與社會議題。這樣的財務創新，能強化企業的品牌形象與社會影響力，為長期經營奠定更穩健的基礎。

同時，透過參與社區發展計畫或產業轉型合作，企業能善用財務資源，不僅追求自身成長，也為社會創造更大的共享價值。

永續財務策略的全球趨勢

在國際市場上，永續財務策略已成為主流。許多跨國企業與投資機構，將 ESG 表現作為投資決策的重要參考依據。臺灣企業若能順應這股趨勢，積極調整財務策略，將有助於吸引國際資金與合作夥伴，強化國際競爭力。

此外，企業若能在國際供應鏈中展現出良好的永續表現，將更容易被國際大廠與通路商青睞，獲得穩定的訂單與合作機會。

共創永續未來的財務思維

財務策略與企業永續發展的結合，象徵著企業思維的進化與責任感的深化。對臺灣企業而言，唯有在財務決策中，融入環境、社會與治理的全面視野，才能在全球市場與在地社會中，穩健前行、持續成長。這樣的思維轉型，將是臺灣企業走向世界、實現永續競爭力的重要基礎。

第三章
守護自己的錢袋子：
現金流與財務穩健

第三章　守護自己的錢袋子：現金流與財務穩健

第一節　企業現金流的本質

現金流的核心概念

在企業經營的脈絡中，現金流被譽為企業的「血液」。它指的是企業在一定期間內，實際進出帳戶的現金流量，涵蓋了營運收入、投資活動與籌資活動三大面向。相較於財務報表上的獲利數字，現金流更能真實反映企業的財務體質與生存能力。無論企業規模大小，現金流管理的成敗，往往決定了企業能否穩健發展與持續經營。

對於臺灣企業而言，現金流管理的重要性尤其突顯。臺灣中小企業占比高，資金來源多以銀行貸款與自有資金為主，缺乏大型企業那樣充裕的資本管道。加上全球供應鏈重組、產業競爭激烈，現金流的穩定與否，成為企業能否應對市場挑戰的關鍵。

現金流與會計盈餘的差異

企業常以會計盈餘作為財務績效的指標，但盈餘數字與現金流未必畫上等號。盈餘受到應計基礎會計原則的影響，可能出現尚未收現或尚未付款的情況。例如：企業銷售產品後即認列收入，但實際現金可能在數月後才入帳；同樣地，企業購買原料時雖記錄為費用，但若享有延後付款條件，短期內現金流出並不會立刻發生。

因此，企業若僅憑盈餘數字作為經營決策的依據，可能忽略現金流的短期壓力，埋下資金斷裂的風險。現金流的監控與分析，能讓企業更清楚掌握手上資金的實際狀況，及時調整經營策略，避免資金週轉的危機。

現金流三大面向

企業的現金流主要可分為三大面向：營運活動現金流、投資活動現金流與籌資活動現金流。營運活動現金流來自於企業日常經營，包括銷售收入與支付供應商、員工薪資等日常開銷。投資活動現金流則涉及資本支出與設備汰換等，通常屬於長期資金配置。籌資活動現金流則與企業的借款、還款與股東權益變動有關，反映企業如何透過外部資金支應成長。

三大現金流的動態平衡，是企業穩健經營的基礎。理想情況下，營運活動現金流應足以支應日常開銷與必要的投資需求，籌資活動則作為補充資金來源。若企業長期依賴籌資活動現金流維持營運，代表內部獲利能力不足，財務結構的風險也將隨之上升。

臺灣企業現金流的挑戰

臺灣企業在現金流管理上，面臨獨特的挑戰。許多中小企業的財務資訊透明度不足，或財務管理制度尚未完備，導致無法即時掌握現金流變化。此外，臺灣市場競爭激烈，企業間的價格競爭與客戶議價力，往往壓縮企業的現金流空間。

例如：部分企業為了擴大市占率，對客戶提供較長的帳期，雖然帶來銷售額成長，卻壓縮了短期現金流入。另一方面，供應商往往要求縮短付款條件，使得企業面臨應收帳款回收與應付帳款履約的雙重壓力。

改善現金流的經營策略

面對現金流挑戰，企業應從多面向著手，強化現金流管理。首先，企業可檢視應收帳款政策，確保合理的信用條件與回收機制。避免無節

制地給予客戶過長帳期,雖有助於銷售,但卻可能造成資金週轉困難。

其次,企業應建立精準的預算制度與現金流預測模型,結合即時的財務資訊,及早掌握潛在的資金缺口。透過與銀行與金融機構的良好溝通,企業能提前規劃借款與融資安排,降低資金調度的壓力。

同時,成本控制與庫存管理也是關鍵。透過生產流程優化、供應鏈協同與智慧化系統的導入,企業能減少不必要的庫存積壓與資金閒置,提升資金運用效率。

治理文化與現金流的重要性

現金流管理不僅是財務部門的責任,更是整個企業文化的一部分。當治理結構健全、經營者重視現金流的重要性時,企業才能在經營決策中,持續將現金流納入考量,避免過度依賴外部融資,降低財務風險。

臺灣企業應從董事會與高階經理人層面,強化現金流意識。透過專業化的財務團隊與跨部門合作,建立起即時透明的現金流資訊平臺,確保決策層能及時調整營運與投資方向。

現金流思維的核心價值

企業現金流的本質,不僅僅是會計數據的一部分,而是企業持續經營的命脈。面對瞬息萬變的市場,企業唯有透過嚴謹的現金流管理,結合治理結構的優化與經營文化的深化,才能在競爭激烈的市場中穩健前行。現金流思維,正是企業能否邁向永續發展與長期競爭力的關鍵。

第二節　收支結構與現金流平衡

現金流平衡的重要性

在企業財務管理的核心目標中，維持現金流的平衡占有不可或缺的地位。所謂現金流平衡，指的是企業在一定期間內，現金收入與現金支出的相對穩定關係，避免因收支失衡導致資金斷裂。對臺灣企業而言，特別是中小型企業，現金流平衡更是企業持續經營與風險控管的基礎。

面對全球供應鏈調整、消費模式改變與市場競爭日益激烈，企業若無法掌握穩健的收支結構，便難以抵禦外部衝擊。相反地，具備良好現金流平衡的企業，能在面臨突發挑戰時，展現出更強的彈性與競爭力。

收入結構的多元化與穩定性

企業的現金收入結構，直接影響現金流的穩健度。傳統上，收入結構單一的企業，容易在市場需求波動或產品競爭加劇時，面臨現金流不穩定的問題。為此，企業應積極拓展收入來源，實現多元化布局。

例如：製造業者可在原有產品基礎上，發展附加價值更高的產品線；服務業者則可結合數位化工具，開拓新型態的收入模式。收入多元化，不僅能提升企業的市場適應力，也有助於分散市場需求波動帶來的風險。

同時，收入的穩定性也是關鍵。企業應建立長期穩定的客戶關係，透過簽訂長期合約或提供差異化服務，鎖定穩定的收入來源。對臺灣企業而言，尤其是面對國際市場挑戰時，與策略夥伴的合作更能確保收入穩定，維持現金流健康。

支出結構的靈活與效率

支出結構的合理化，則是現金流平衡的另一面向。企業日常經營涉及多項現金支出，包括原料採購、薪資給付、租金支出與稅賦負擔等。這些支出若缺乏嚴謹的管理，將造成現金流壓力。

首先，企業應針對固定支出與變動支出，做出清晰的分類與管控。固定支出如廠房租金、設備折舊等，雖在短期難以調整，但仍可透過談判租金條件或延長付款期限，減輕短期現金流壓力。變動支出則包括原料進貨與臨時性人力調度，應結合業務需求，靈活安排，以提高資金運用效率。

其次，企業應透過數位化工具與資訊化管理，提升支出結構的透明度。透過即時資料分析，經營團隊能及早發現支出過度膨脹的問題，及時採取成本控管措施，維持現金流的平衡。

臺灣企業面臨的收支挑戰

臺灣企業在維持收支結構平衡上，普遍面臨特有的挑戰。部分產業因為產品生命週期短暫，營收變動快速，對現金流的管理更顯複雜。再加上國際供應鏈波動、原物料價格上漲，企業必須在收支兩端保持高度警覺。

中小企業則因資源有限，常出現對客戶讓渡較長帳期、對供應商履約條件趨嚴的矛盾。這種現象雖有助於銷售成長，卻可能導致應收帳款回收與應付帳款履約失衡，進一步影響現金流穩定性。

平衡收支的策略與方法

為達到收支結構的平衡，企業可採取多元化策略。首先，從應收帳款管理著手，透過信用評估機制與催收流程，確保帳款的及時回收。對

於重要客戶，可採分期付款或訂金制度，降低應收帳款風險。

其次，企業可透過應付帳款管理，與供應商協商更彈性的付款條件。適當延長付款期間，能協助企業在短期內釋放現金流，減輕資金壓力。然而，這也需考量供應鏈關係的穩健，避免因過度壓縮供應商資金而影響合作關係。

在內部，企業應強化預算編制與現金流預測。結合動態預算與實際營運數據，建立短中長期的現金流規畫，協助經營團隊在景氣波動時，做出及時的財務調整。

治理機制與文化的支持

收支結構的平衡，離不開治理機制的支持。董事會與經營團隊應重視現金流資訊的即時性與透明性，建立跨部門的合作平臺。透過財務部門與業務、採購、生產部門的緊密合作，企業才能在收支平衡上，展現更大的彈性與智慧。

同時，企業文化的養成也不可忽視。唯有將現金流平衡內化為經營決策的 DNA，企業才能在長期經營中，持續維持穩健的財務體質。

穩健發展的基礎

收支結構的平衡，是企業經營穩健發展的基礎。對臺灣企業而言，無論是面對國內市場的波動，還是國際市場的挑戰，唯有持續深化對收支結構與現金流的理解，結合治理與文化的支持，才能在瞬息萬變的市場中穩健前行，為永續發展奠定堅實基礎。

第三節　預算編制與現金流計畫

預算編制的重要性

在企業的財務管理中，預算編制是不可或缺的基礎工作。它不僅提供了企業短中長期的資金運用藍圖，也為經營決策與現金流計畫奠定了基礎。對於臺灣企業而言，面對市場快速變化與全球競爭壓力，完善的預算制度能協助企業維持財務穩健，降低外部衝擊風險。

預算編制的核心在於，將企業經營目標具體化，轉化為可衡量、可監控的財務數據。透過預算，企業能及早發現潛在的收支失衡或現金流壓力，進一步調整營運策略，確保資金運用效率最大化。

預算編制的基本流程

一個完整的預算編制流程，通常包括目標設定、資料蒐集、編制預算、審核與修訂、執行與監控五個步驟。首先，企業應明確設定年度或季度的經營目標，包括營收成長、成本控制與投資計畫等。接著，透過財務資料與市場情報的蒐集，建立合理的預算基準。

編制預算時，應考量各部門的實際需求與整體策略，避免因過度理想化而造成執行困難。預算審核與修訂，是確保各項指標合理性與可行性的重要程序，通常由董事會或高階管理層負責把關。最後，預算編制的意義，必須透過執行與監控，確保各部門依據預算規畫落實執行。

預算與現金流計畫的協同

預算編制與現金流計畫息息相關。預算通常反映企業的年度營運方向與各部門支出結構,而現金流計畫則更聚焦於實際現金收入與支出的時間差與波動性。兩者的結合,能協助企業在收入與支出時間錯配的情況下,保持資金運作的順暢。

例如:企業若預計在特定月份有大量應收帳款進帳,現金流計畫應明確反映這筆現金流入,並同步規劃該期間的支出安排,避免因為現金流入延遲而影響應付帳款履約或投資進度。

臺灣企業的預算編制挑戰

臺灣中小企業在預算編制與現金流計畫上,仍普遍面臨挑戰。部分企業因規模限制或專業人才不足,預算制度尚未健全,常以經驗或直覺作為主要決策依據,缺乏科學化與系統化的規畫。

此外,部分企業雖已建立預算制度,但執行力不足,預算往往淪為形式,無法真正融入日常經營。這種現象不僅削弱了預算的功能,也使企業難以及時發現現金流潛在風險。

預算編制的最佳實務

為強化預算編制的實務操作,企業應從三方面著手。首先,提升財務部門專業能力,建立標準化的預算編制流程與工具,確保數據的精確與全面。其次,推動跨部門溝通與參與,讓各部門主動投入預算編制與執行,強化部門間的合作。

再者,企業應定期檢視預算執行狀況,透過差異分析(Variance

Analysis)找出實際執行與預算間的落差,並分析背後原因。這種持續監控與修正,能讓預算更貼近市場變化,增強企業的適應力。

現金流計畫的應用與落實

現金流計畫通常以月度或季度為單位,根據收入與支出的預測,繪製出企業的資金餘缺變化。透過現金流計畫,企業能及早發現資金短缺的可能性,並預先安排資金調度或融資策略,避免資金斷鏈。

在實務應用中,現金流計畫不僅是財務部門的工具,更是董事會與經營團隊的重要決策依據。透過現金流的透明化與動態監控,企業能在面對突發事件(如訂單延遲、原物料價格飆漲)時,快速反應並調整策略。

治理文化與財務預算的結合

預算編制與現金流計畫的成功,離不開企業治理文化的支持。董事會與經營團隊應視財務規劃為企業核心競爭力的一環,透過專業治理機制,確保預算與現金流計畫的科學性與實務性。

同時,企業應營造開放與透明的溝通氛圍,讓預算不再只是財務部門的工作,而是企業整體經營的共同語言。當財務規劃與企業文化相互融合,預算編制與現金流計畫才能真正發揮最大效益。

穩健經營的關鍵支柱

預算編制與現金流計畫,是企業穩健經營的關鍵支柱。對臺灣企業而言,面對多變的市場環境與外部挑戰,唯有透過科學化的預算編制與

第三節　預算編制與現金流計畫

現金流監控,結合治理文化的深化,才能在市場風險中保持穩健、持續創造價值。這樣的財務規劃能力,也將是企業邁向國際化與永續發展的堅實後盾。

第四節　財務穩健與現金儲備的重要性

財務穩健的概念與價值

在企業經營管理中，財務穩健代表企業具備足夠的財務彈性與資金調度能力，能在面對市場波動或經濟衝擊時，保持穩定的運營與應變能力。對於臺灣企業而言，尤其是中小企業，財務穩健不僅是保護企業存續的安全網，更是長期發展與國際競爭力的根基。

財務穩健通常展現在三個層面：現金流穩定性、資產負債結構平衡與風險承擔能力。企業若能在這三方面做到妥善管理，便能有效應對外部不確定性，並在市場機會出現時迅速把握。

現金儲備的核心意義

現金儲備被譽為企業的「安全氣墊」。它指的是企業在日常經營外，預先留存的可用現金或流動性資產。這筆資金通常用於應對不可預見的支出或危機，例如客戶付款延遲、供應鏈中斷或突發性市場需求下降等。

對臺灣企業而言，現金儲備的觀念尤其重要。多數中小企業在經營過程中，面臨融資管道有限、資金來源相對單一的挑戰。若能在日常經營中，培養持續的現金儲備習慣，將有助於減少對外部融資的依賴，降低財務槓桿風險。

第四節　財務穩健與現金儲備的重要性

臺灣企業的現金儲備挑戰

儘管現金儲備對企業財務穩健具有關鍵意義，然而在臺灣的實務情境中，仍存在不少挑戰。部分企業為了追求營收成長，將資金大量投入市場擴張或設備升級，忽略了留存適當現金儲備的重要性。這種做法雖可能帶來短期業績提升，但當市場景氣反轉或營運壓力升高時，現金流斷裂的風險隨之攀升。

此外，臺灣企業普遍面臨應收帳款回收壓力。客戶議價力強、競爭激烈等因素，使得企業在收款期上妥協，導致現金儲備水位長期偏低，降低了財務安全性。

財務穩健的治理機制

財務穩健並非僅靠財務部門即可達成，它需要企業治理結構的支持與落實。董事會與經營團隊應將財務穩健納入企業的經營文化與決策流程中，透過設定合理的財務目標與風險承擔界限，建立長期穩健經營的基礎。

具體而言，企業可設定目標性的現金儲備比率或流動比率作為內部財務指標，並定期檢視與調整，確保資金運作符合企業發展與市場波動的需要。同時，推動跨部門溝通，讓財務穩健成為企業上下共同的經營共識。

建立有效的現金儲備策略

企業應根據自身產業特性與發展階段，量身訂做現金儲備策略。對於產業波動較大的企業，如電子製造或傳產出口業，現金儲備應更高，

以應對外部環境的不確定性；而對於穩定型產業，則可適度調整現金水位，將多餘資金投入具備穩健報酬的投資專案。

現金儲備策略亦應與企業的資金運用效率相結合，避免「死錢」過多造成資產閒置。透過靈活的短期理財工具或彈性化資金管理，企業可兼顧財務安全與收益提升。

現金儲備與市場機會

除了作為應對風險的安全網，現金儲備也能讓企業在市場出現機會時，迅速展開布局。例如：當市場競爭者出現經營困難，企業若有充裕的現金儲備，能迅速進行策略性併購或擴張，搶占市場空間，擴大經營版圖。

對臺灣企業而言，這樣的機會視角尤為重要。近年全球供應鏈重組與地緣政治變化，為產業帶來結構性轉型契機。具備穩健現金流與儲備能力的企業，將在轉型與國際化過程中，更具備搶占先機的條件。

財務穩健文化的培育

最後，財務穩健與現金儲備並非一蹴可幾，而是企業文化與價值觀的一部分。臺灣企業在面對成長與擴張的誘惑時，若能始終堅守穩健原則，並在組織中持續灌輸現金流意識與風險思維，將能在長期發展中厚植企業韌性。

透過財務透明化、持續的內部教育與跨部門合作，企業可將穩健經營落實到每一個經營決策，形成全員共同維護財務健康的治理氛圍。

第四節　財務穩健與現金儲備的重要性

穩健與彈性的雙重價值

　　財務穩健與現金儲備，正是企業能否在風雲變幻的市場中，長期穩健發展的雙重保障。對臺灣企業而言，唯有將這樣的思維內化為企業文化，結合專業化治理與靈活財務策略，才能在瞬息萬變的國際市場中，持續穩健成長，實現企業的長期願景。

第五節　企業內部資金運用效率

資金運用效率的關鍵意義

企業的資金運用效率，指的是企業在資金有限的前提下，如何讓每一分資金發揮最大效益。這是衡量企業經營智慧與財務管理能力的重要指標，也是企業能否在競爭激烈的市場中脫穎而出的關鍵。對臺灣企業而言，特別是中小型企業，資金運用效率的提升，不僅關乎企業的獲利能力，更關係到企業的生存與永續發展。

資金運用效率的本質，展現在企業的各項經營活動中，從原料採購、生產製造、庫存管理，到市場行銷與售後服務，無一不需要資金的投入與調度。若企業能建立起靈活、精準的資金運用體系，便能在市場需求波動與產業轉型過程中，展現出更大的彈性與韌性。

臺灣企業面臨的現實挑戰

臺灣中小企業普遍面臨資源有限的挑戰。銀行貸款取得不易，外部融資成本高昂，使得企業必須更加珍惜每一筆內部資金的運用。許多企業在資金運用上，過度依賴傳統的「經驗管理」模式，缺乏科學化的財務分析與專業化的決策基礎，導致資金配置效率偏低。

例如：部分企業在設備採購或新產品開發投入上，未能充分評估投資報酬率與現金流壓力，結果造成資金沉澱或營運負擔。又或者，庫存管理不當，導致資金長期被囤積在不必要的存貨上，降低了企業的資金週轉能力。

第五節　企業內部資金運用效率

資金運用效率的具體面向

企業內部資金運用效率的提升，必須從多個面向著手。首先，企業需強化預算與財務規劃能力，透過精確的財務預算，合理安排各部門的資金需求，避免資源錯置或重複投入。

其次，企業應重視庫存與應收帳款管理。庫存是企業營運中的重要成本項目，若無法及時消化，不僅占用大量資金，還可能造成產品過時或報廢。應收帳款則關係到現金流的即時性，過長的回收期將直接影響資金的靈活度。

此外，企業還應關注固定資產的使用效率。透過生產設備的升級與維護，避免因設備閒置或故障，造成資金效益的浪費。

財務指標與監控機制

企業在提升資金運用效率時，應建立一套完整的財務監控指標體系。常見的指標包括資產報酬率（ROA）、資產週轉率、存貨週轉率與應收帳款週轉率等。這些指標能協助企業及時掌握資金運用的實際效益，發現潛在問題並調整策略。

同時，企業應結合數位化工具與財務資訊系統，實現即時的資料分析與決策支援。透過大數據與 AI 技術的應用，企業能更精確掌握市場趨勢與內部資源分配狀況，提升財務決策的科學性。

企業治理與資金運用效率

資金運用效率的提升，離不開企業治理結構的支持。董事會與高階管理團隊應將資金運用效率視為企業經營的核心指標，建立跨部門的合

作平臺,確保各部門在資金使用上的透明化與合理性。

例如:採購部門應與財務部門密切合作,確保採購決策與企業財務狀況相符;生產部門應與銷售部門協調,避免因產銷失衡而造成庫存積壓或資金浪費。

臺灣企業的創新實踐

面對資金運用效率的挑戰,臺灣已有不少企業展現出創新的管理思維。部分企業引進智慧化生產系統,透過數位化管理降低庫存與製造成本;也有企業推動跨部門合作,實現資金調度與業務決策的同步優化。

更有企業透過引進專業經理人與外部財務顧問,補足內部資金管理的不足,強化決策的專業性與敏捷度。這些實踐案例,顯示出臺灣企業在面對資金運用挑戰時,正逐步走向更成熟與國際化的管理模式。

打造資金運用的競爭優勢

企業內部資金運用效率的提升,不僅是財務管理層面的優化,更是企業整體競爭力的展現。對臺灣企業而言,唯有持續深化對資金運用的理解,結合治理文化的支持與科技化管理的導入,才能在多變的市場中保持穩健與韌性,為企業的長期發展奠定堅實基礎。

第六節　資金運作與風險管理基礎

資金運作的核心理念

在現代企業經營中，資金運作的效率與安全性，是財務管理中最重要的基礎。資金運作的核心，在於如何有效率地調度資金，並同時兼顧風險管理，確保企業能在不確定的市場中，穩健前行。對臺灣企業而言，尤其是中小型企業，資金運作與風險管理的能力，直接影響企業的生存與成長潛力。

資金運作不僅僅是資金的收與支，更是一種平衡的藝術。企業需要在營運資金、投資計畫與籌資安排中，找到最適合自身發展的策略，並結合風險控管機制，避免資金斷鏈與經營風險。

臺灣企業的資金運作現況

臺灣企業長期以來具備靈活的經營模式與高度的市場適應力，但在資金運作方面，仍普遍面臨一些挑戰。特別是中小企業，因資本結構相對單一、財務透明度不足，往往在資金調度與風險管理上，存在弱點。

例如：許多中小企業習慣於「短借長用」的模式，以短期資金支應長期投資，導致資金週轉壓力加大，稍有市場變動便可能引發現金流危機。另一方面，企業內部風險管理機制的缺乏，也讓資金運作面臨更多不確定性。

資金運作的基本架構

企業的資金運作，通常可分為三個主要層面：營運資金管理、投資資金運作與籌資安排。

1. 營運資金管理

指企業日常經營所需資金的管理，包括現金流入與流出、應收帳款與應付帳款管理等。良好的營運資金管理，能讓企業隨時保持運作的靈活性與韌性。

2. 投資資金運作

指企業在技術升級、設備更新或新市場開拓等方面的資金運用。投資決策的正確與否，直接關係到企業的未來競爭力。

3. 籌資安排

指企業如何取得所需資金，包括銀行貸款、發行公司債、股權融資等方式。籌資安排的合理性，能協助企業取得低成本且穩定的資金來源。

風險管理的基本理念

與資金運作相輔相成的，是風險管理。風險管理的核心在於，如何在追求經營績效的同時，避免或減輕因資金運作不當而可能產生的損失。風險管理不只是應對突發危機，更是企業日常經營的重要一環。

臺灣企業在全球供應鏈重組與國際市場波動下，面臨的風險來源多樣，包括匯率風險、利率風險、供應鏈中斷風險等。若企業能將這些風險納入日常的資金運作決策，將能更有效保護企業免受外部衝擊。

結合資金運作與風險管理的實務作法

在實務中,企業可從以下幾個方向,強化資金運作與風險管理的基礎:

1. 建立現金流預測與監控機制

透過現金流預測,企業能及早發現資金缺口,避免資金斷鏈。同時,持續監控現金流,能協助企業即時調整策略。

2. 多元化資金來源

避免過度依賴單一銀行或融資來源,分散資金調度風險。對外拓展融資管道,如政府補助、創投基金等,也能增加企業的資金彈性。

3. 靈活的應收與應付策略

合理安排應收帳款與應付帳款,避免應收帳款回收期過長或應付帳款壓力過大,影響短期資金運作。

4. 內部控制與風險預警

企業應建立完整的內部控制制度與風險預警指標,確保資金運作在合理範圍內運行。

財務治理與文化支持

資金運作與風險管理的良好落實,離不開治理結構的支持。董事會與經營團隊應重視資金運作的安全性與透明度,定期檢視風險管理機制的有效性。此外,企業文化也應培養全員的風險意識與財務責任感,讓資金運作與風險控管成為企業共同的語言。

臺灣許多企業已逐步建立跨部門的財務小組，強化不同部門間的合作，提升資金調度的效率與風險管理的全面性。這種治理與文化的結合，將是企業長期穩健經營的保證。

穩健資金運作的長遠價值

資金運作與風險管理，是企業穩健經營的兩大支柱。對臺灣企業而言，面對多變的市場與全球化競爭，唯有持續提升資金運作效率，並建立全面的風險管理體系，才能在風險中抓住機會，實現企業長期的穩健與成長。這不只是財務管理的技術問題，更是企業文化與治理智慧的展現。

第七節　預防資金鏈斷裂的財務措施

資金鏈斷裂的潛在風險

在企業經營過程中，資金鏈斷裂被視為最嚴重的財務危機之一。所謂資金鏈斷裂，指的是企業因現金流中斷，無法履行短期或長期的支付義務，導致營運受阻甚至面臨倒閉的風險。這種現象常見於資金週轉不良、外部市場波動或內部財務管理失當時，對企業造成毀滅性衝擊。

對臺灣企業而言，特別是中小型企業，資金鏈斷裂的風險更為明顯。由於中小企業多仰賴單一銀行貸款，或過度依賴應收帳款資金，當市場出現不穩定或客戶延遲付款時，企業往往難以應對，形成財務危機。

預防資金鏈斷裂的第一步：現金流管理

預防資金鏈斷裂的第一道防線，就是現金流管理。企業應建立科學化的現金流預測與監控機制，透過動態的資金進出分析，提前掌握潛在的資金缺口。

具體而言，企業可結合財務軟體與數位化管理工具，將銷售預測、應收帳款回收與應付帳款支出整合，形成即時的現金流報告。透過這樣的監控，經營團隊能及時調整生產計畫或推動融資方案，避免資金短缺問題惡化。

強化應收帳款與應付帳款管理

企業的應收帳款與應付帳款，是影響現金流穩定性的兩大關鍵指標。若應收帳款過高且回收週期過長，將占用大量資金，導致現金流緊縮。相反地，若應付帳款集中在短期內到期，企業可能面臨短期償付壓力。

臺灣企業應積極推動應收帳款的管理，透過信用審查與定期回收，降低壞帳風險。針對主要客戶，企業可考慮分期付款、訂金制度或信用保險，確保現金流入的穩定性。

在應付帳款方面，企業應與供應商保持良好溝通，爭取更有彈性的付款條件或延長支付週期，釋放短期現金壓力。這種雙向的資金管理策略，將有助於減少資金鏈斷裂的風險。

多元化資金來源的規畫

為降低對單一融資管道的依賴，企業應積極尋求多元化的資金來源。除了傳統銀行貸款外，臺灣企業可考慮政府補助、創投基金、供應鏈金融與群眾募資等新型融資模式。

多元化的融資策略，能夠在市場景氣波動時，為企業提供更多資金彈性，降低資金鏈斷裂的發生機率。此外，企業若能建立與金融機構的長期合作關係，也能在遇到資金壓力時，獲得更好的融資條件與支持。

建立危機應變與預警系統

企業若要有效預防資金鏈斷裂，必須具備危機應變與預警系統。透過內部財務指標的設定與監控，企業可即時發現異常狀況。例如：當流

動比率或速動比率出現明顯下滑時，即代表資金週轉能力出現隱憂，需及時調整經營策略。

此外，企業應建立跨部門的危機應變小組，模擬不同的市場與財務風險場景，制定具體的應對計畫。這不僅能提升資金鏈的韌性，也能培養全體員工的危機意識與財務敏感度。

治理機制與企業文化的支持

資金鏈斷裂的預防，並非財務部門的單一任務，而是全體企業的共同責任。企業治理機制的健全，是確保各部門合作與資訊透明的基礎。董事會與經營團隊應該將資金安全納入決策核心，透過定期檢視財務報表與風險指標，確保企業的財務健康。

企業文化亦扮演關鍵角色。當企業將穩健經營與風險控管視為價值觀的一部分，內部決策自然會更傾向於長期發展與穩健財務結構。這樣的文化，能從根本上降低資金鏈斷裂的潛在風險。

國際趨勢與臺灣企業的啟示

隨著國際市場的瞬息萬變，全球供應鏈重組與地緣政治變動，為臺灣企業的資金運作帶來更多挑戰。許多國際企業已將資金安全與永續經營結合，將現金流管理與 ESG（環境、社會、治理）議題緊密連結。

臺灣企業若能借鏡國際趨勢，透過財務透明化、治理專業化與資金多元化，將能在風險中掌握機會，強化國際競爭力與市場韌性。

穩健經營的關鍵堡壘

預防資金鏈斷裂的財務措施，正是企業穩健經營的關鍵堡壘。對臺灣企業而言，面對全球化與數位化的浪潮，唯有從日常管理到危機應變，全面強化資金鏈安全，才能在市場波動中穩健立足，實現企業長期發展的願景。

第八節　現金流思維與財務決策

現金流思維的時代意義

在全球經濟快速變化與不確定性增強的背景下，現金流思維已成為企業經營的關鍵核心。現金流不僅僅是財務報表中的數字，更是企業能否穩健發展與持續創新的根本基礎。對於臺灣企業而言，尤其是在資源有限、競爭激烈的市場環境下，建立現金流導向的財務決策文化，將是保持市場韌性與創造價值的重要驅動力。

傳統財務決策的轉型

過去，許多企業在進行財務決策時，往往過度關注會計盈餘或短期財報表現，忽略了現金流的實際流動與即時性。然而，盈餘雖是企業營運成果的象徵，但未必能夠反映出實際的資金運作情況。當企業僅以盈餘為決策指標，卻忽略了現金的真實流動時，往往容易在面對外部環境變化時，陷入資金斷裂或營運困境。

因此，將「現金流思維」納入財務決策，意味著企業需從收入與支出、投資與融資的角度，重新審視決策的可行性與風險承擔能力。

現金流與財務決策的結合

現金流思維強調資金的真實流動與可用性，要求企業在進行財務決策時，必須考量決策對現金流的即時與未來影響。例如：企業在考慮投資新專案或擴張市場時，除了評估投資報酬率（ROI）與淨現值（NPV）等

指標外,更要納入投資期間內的現金流入與流出,評估是否會對日常營運現金流造成壓力。

同樣地,企業在進行融資決策時,亦應思考籌資結構對現金流的影響。短期融資雖然能迅速取得資金,但若未配合合理的現金流安排,可能反而加劇企業的短期償付壓力。

臺灣企業的挑戰與轉型

在臺灣,許多中小企業仍處於家族式經營或傳統管理模式,對現金流思維的重視度相對有限。部分企業雖能在銷售與盈餘層面取得亮眼成績,卻因應收帳款回收不佳或庫存過高,導致實際現金流入無法及時到位,影響企業的資金調度與信用評等。

然而,隨著產業競爭加劇與國際市場壓力升高,越來越多臺灣企業開始重視現金流的重要性。透過引入專業化的財務團隊、導入智慧化財務管理系統,企業逐步在財務決策中,建立起現金流優先的思維模式。

現金流導向的決策策略

在實務層面,企業若要將現金流思維融入財務決策,需從以下幾個面向著手:

(1)動態預測與監控:企業應建立現金流動態預測模型,結合市場變化與內部營運指標,滾動式調整決策方向,避免資金斷鏈風險。

(2)投資回收期的評估:在投資決策時,不僅要關注總投資報酬,更應重視資金回收的速度與階段,確保現金流穩健。

(3)融資結構的優化：合理安排短期與長期融資比例，搭配現金流特性，降低財務成本與償付壓力。

(4)應收與庫存管理：企業應強化應收帳款與庫存的管理效率，避免資金被過度占用，影響現金流靈活性。

(5)跨部門的合作：現金流管理不是單一財務部門的任務，而是需要銷售、生產、採購等部門共同合作，形成整體決策的合力。

治理文化與現金流決策

良好的企業治理文化，是現金流思維得以落實的土壤。董事會與經營團隊應將現金流作為企業決策的基礎指標，透過透明化的資訊揭露與即時的監控報告，確保所有決策都能在穩健的現金流基礎上推進。

同時，培養全體員工對現金流重要性的認知，也是企業長期經營成功的關鍵。當現金流思維成為組織文化的一部分，企業自然能在投資、融資與日常營運中，做出更合理與前瞻性的財務決策。

國際視野下的啟示

在國際市場上，許多跨國企業已將現金流管理與 ESG（環境、社會、治理）目標結合，透過現金流穩定支應永續轉型與社會責任的實踐。臺灣企業若能借鏡國際趨勢，將現金流思維內化為經營哲學，將有助於在國際競爭中建立更高的信任度與市場韌性。

現金流思維，企業穩健的基石

　　現金流思維與財務決策的結合，代表著企業從傳統的獲利導向，走向以穩健經營與風險管理為核心的新境界。對臺灣企業而言，這樣的思維轉型，不僅是應對市場變化的利器，更是企業長期發展與永續經營的堅實基石。唯有在現金流思維的指引下，企業才能在風險中保持從容，於挑戰中抓住機遇。

第四章
資產配置策略：
企業經營的支柱

第四章　資產配置策略：企業經營的支柱

第一節　資產結構的基本認識

資產結構的核心概念

在企業財務管理中，資產結構被視為企業經營體質的重要基礎。所謂資產結構，指的是企業在特定時點，資產的組成與比例分配情形。它包括現金、應收帳款、存貨、固定資產、無形資產等多樣化項目，反映了企業資源分配的狀態與經營策略。

對臺灣企業而言，無論是製造業、服務業還是科技業，資產結構的合理性與彈性，直接影響企業的市場競爭力與經營穩健度。資產結構的良好規畫，能幫助企業有效分散風險、提升財務靈活性，並在市場波動中保持穩健。

資產結構的分類與特性

資產結構通常分為流動資產與非流動資產兩大類型。流動資產，包含現金及約當現金、應收帳款、存貨等，通常可在一年內轉換為現金，為企業提供日常經營所需的彈性。非流動資產則包括固定資產（如機器設備、廠房）、無形資產（如品牌、專利權）與長期投資，通常屬於企業長期發展與競爭力的重要基礎。

流動資產比例較高，企業短期應變能力較強，但也可能犧牲長期成長的潛力；非流動資產比例較高，企業未來發展空間較大，但短期資金調度彈性較低。如何在兩者間取得平衡，是企業經營智慧的重要展現。

資產結構與企業成長的關聯

資產結構的優化，能支撐企業在成長與轉型過程中的彈性與韌性。舉例而言，新創企業通常以高比例的流動資產為主，因為它們需要快速應對市場變化與抓住機會。然而，隨著企業規模擴大，長期投資與固定資產的重要性提升，非流動資產比重相對增加，支撐企業的長期競爭力。

臺灣許多中小企業在成長階段，常面臨資產結構調整的挑戰。過度偏向流動資產，可能限制企業在設備升級與技術投資上的能量；相反地，過度集中於固定資產，若無穩健的資金管理，可能導致財務壓力與現金流風險。

資產結構與財務風險

資產結構不僅關乎資源分配，更直接影響企業的財務風險承擔。流動資產的比重越高，企業越能靈活應對短期資金需求，但若應收帳款回收不順或存貨積壓，反而會壓縮現金流，增加短期財務風險。非流動資產的比重過高，雖強化長期競爭力，但資金被長期綁定，當市場或產業出現波動時，容易因現金流吃緊而陷入困境。

因此，企業在評估資產結構時，必須同時考量流動性與收益性，找出適合自身產業與發展階段的最佳配置比例。

臺灣企業的資產結構現況

臺灣企業在資產結構上，展現出多樣化的特色。傳統製造業如工具機、電子零組件等，因設備與廠房投資較大，非流動資產比重普遍偏高。服務業與新創科技業，則多以流動資產為主，保持彈性以因應市場快速變動。

同時，臺灣中小企業普遍面臨資金來源有限與經營風險高的挑戰，資產結構的靈活性與調整能力，往往成為企業能否成功轉型與永續經營的關鍵。

改善資產結構的實務策略

為了建立更健康的資產結構，企業可從以下幾個面向著手：

(1) 現金流控管：強化應收帳款管理與庫存週轉率，減少資金被動占用，提升流動性。

(2) 投資決策謹慎：評估投資報酬率與資產報酬率，避免過度投資長期資產造成負擔。

(3) 多元化資產組合：結合固定資產與靈活資產配置，提升資產結構的彈性與抗風險能力。

(4) 定期檢視與調整：定期檢視資產結構，配合市場變化與企業策略調整資產配置，確保結構的合理與動態性。

治理機制與文化支持

資產結構的優化，離不開企業治理與文化的支持。董事會與高階管理團隊，應該將資產結構視為企業經營的重要面向，透過透明化的決策與專業化的分析，找出最符合企業長期發展的資產配置策略。

同時，培養全體員工對資產配置重要性的認知，能讓企業在面對市場機會與挑戰時，做出更穩健與前瞻的決策，減少盲目投資或短視近利的財務行為。

資產結構的穩健基石

　　資產結構,是企業經營的穩健基石。對臺灣企業而言,唯有在流動性與長期投資間取得平衡,並將資產結構管理內化為企業治理的一環,才能在多變的市場中保持韌性與靈活度,實現長期發展與永續經營的目標。

第二節　長短期資產的最佳配置

長短期資產配置的重要性

企業在經營發展過程中，資產配置的合理性是確保財務穩健與持續發展的關鍵。所謂長短期資產配置，指的是企業如何在固定資產（長期資產）與流動資產（短期資產）間，達到最適化的比例與平衡。長期資產為企業奠定基礎，支撐未來的成長；短期資產則提供企業經營的彈性與安全網。兩者之間的協調，決定了企業的抗風險能力與市場競爭力。

對臺灣企業而言，面對國際市場波動與產業轉型壓力，長短期資產配置更顯重要。企業若能掌握最佳配置策略，不僅能強化財務結構，還能抓住市場轉機，實現穩健成長與永續發展。

長期資產的意義與挑戰

長期資產包括廠房、機器設備、土地與無形資產等，通常具有較長的使用壽命與穩定的產出能力。這些資產不僅為企業提供生產力基礎，還能強化企業的技術與品牌實力，為長期競爭優勢提供支撐。

然而，長期資產的投資額通常龐大，回收期長，且資金被長期占用，可能壓縮企業短期現金流的靈活性。尤其在市場需求變化迅速或技術更新頻繁的情況下，長期資產若缺乏彈性，可能成為企業財務風險的來源。

短期資產的彈性與功能

短期資產,主要包括現金、約當現金、應收帳款與存貨等,具備高度流動性與短期應變功能。這些資產為企業提供日常經營所需的現金流,協助應對市場變化與突發支出。

在臺灣企業中,短期資產的靈活性往往成為企業競爭力的重要一環。面對全球供應鏈重組與突發危機,如 COVID-19 疫情期間,許多企業能夠迅速調整現金流與短期資產配置,保持營運穩定,展現出臺灣企業的韌性與彈性。

長短期資產配置的平衡原則

企業在資產配置時,應該遵循「匹配原則」與「彈性原則」兩大基礎。匹配原則指的是長期資產應以長期資金(如股本或長期借款)支應,短期資產則以短期資金(如短期借款或應付帳款)支應。這樣的配置,能避免資金錯配,減少短期財務壓力。

彈性原則則強調,企業應在長短期資產間保持一定的彈性,避免資金過度集中於單一面向,造成資金斷裂或資產閒置。企業可根據產業特性、成長階段與市場變化,動態調整長短期資產的配置比例,提升財務安全性與競爭力。

臺灣企業的最佳配置挑戰

在臺灣,許多中小企業仍處於家族式經營,資金來源單一,資產配置決策常依賴經驗與直覺。部分企業過度追求市場擴張或產能升級,將資金集中投資於長期資產,忽略了短期資金調度的需求;另一些企業則

過度保守，僅以短期資產應對市場波動，缺乏長期發展的基礎。

此外，臺灣企業普遍面臨應收帳款回收週期長、庫存管理效率不足等挑戰，進一步影響了短期資產的使用效率，降低了資產配置的整體協調性。

強化長短期資產配置的實務策略

為了實現長短期資產的最佳配置，企業應採取多管齊下的策略。首先，企業應建立科學化的投資評估機制，透過現金流分析、投資回收期評估與敏感度分析，確保長期資產投資的合理性與可行性。

其次，企業可引入現金流預測模型，結合市場趨勢與銷售預測，動態調整短期資產配置比例。透過這樣的做法，企業能在市場波動時，保持資金靈活度與短期應變力。

第三，企業應加強跨部門合作，促進採購、生產與財務部門間的協調，避免因資訊不對稱造成資產配置效率低落。透過這樣的合作，企業能更精確掌握各部門的資金需求與風險狀況，實現更平衡的長短期資產配置。

治理結構與文化的支持

長短期資產配置的優化，離不開企業治理結構與文化的支持。董事會與高階經理人應將資產配置納入企業治理核心，定期檢視與調整資產結構，確保企業發展方向與市場變化的協調性。

同時，培養全體員工對資產配置重要性的認知，也是企業能否持續優化的關鍵。當資產配置思維成為企業文化的一部分，企業將更能在市場挑戰中，展現出靈活與穩健的競爭力。

穩健與成長的資產配置策略

　　長短期資產的最佳配置，既是財務管理的藝術，也是企業長期競爭力的保證。對臺灣企業而言，唯有在科學化的財務分析與專業化治理的支持下，才能在資產配置中找到穩健與成長的平衡點。這樣的資產配置策略，將成為企業永續經營與國際化發展的重要支柱。

第四章　資產配置策略：企業經營的支柱

第三節　資產彈性與企業競爭力

資產彈性的時代意義

在全球經濟環境快速變化、產業結構持續演進的背景下，企業的資產彈性已成為競爭力的重要來源。所謂資產彈性，指的是企業在面對市場變化或突發風險時，能快速調整資產配置與運用方式的能力。它是企業靈活應變的基礎，也是企業能否在激烈競爭中脫穎而出的關鍵。

對臺灣企業而言，特別是在面對全球供應鏈重組與產業轉型升級的挑戰下，資產彈性不僅關乎短期應變能力，更是企業長期發展與永續經營的根基。

資產彈性的構成要素

企業的資產彈性，通常展現在以下幾個面向：

(1) 資產結構的靈活性：企業是否能根據市場與營運需求，快速調整長短期資產比例，提升資產利用效率。

(2) 資產流動性的保障：資產是否具備良好的流動性，能在資金需求變動時，迅速轉換為可用現金，避免營運受阻。

(3) 投資與撤資的彈性：企業在進行長期投資或資產購置時，是否具備靈活調整的空間，確保在市場機會或危機出現時，能果斷因應。

(4) 資產組合的多樣化：資產類型與配置是否多元，能降低單一產業或市場波動對企業的衝擊。

這些要素的系統結合，決定了企業在動盪環境下的生存力與成長潛力。

資產彈性與企業競爭力的連結

資產彈性強化了企業在市場中的競爭優勢。首先，它賦予企業更高的風險承擔與調整能力。當市場需求驟降或供應鏈中斷時，資產彈性強的企業能快速縮減非必要支出，釋放現金流，維持營運穩定。

其次，資產彈性讓企業在面對新機會時，更能果斷投入必要資源。舉例而言，當市場出現新興需求或技術突破時，資產結構靈活的企業能迅速重新配置資產，掌握新機會，實現成長跳躍。

最終，資產彈性強的企業，更能在市場形象與投資人信任度上，獲得正面評價。因為彈性意味著穩健，能降低財務風險，吸引更多投資與合作夥伴。

臺灣企業的資產彈性現況

臺灣中小企業在資產彈性方面，展現出高度的適應性與靈活性。許多企業以輕資產模式切入市場，將資金集中於研發與市場行銷，降低固定資產負擔。這種模式使得企業能在技術變革或市場快速變動時，迅速調整經營策略。

然而，也有部分企業因傳統家族經營文化與資本結構限制，資產配置過於僵化，無法即時調整或快速應對市場變化，削弱了競爭力。特別是在製造業中，過度依賴固定資產的企業，若未能同步強化流動性資產與投資彈性，將面臨較高的財務與營運壓力。

提升資產彈性的策略與方法

企業若要強化資產彈性，應從以下策略著手：

(1) 優化資產結構：定期檢視資產組成，減少低效益或閒置資產，將資源集中於高效能的專案與市場。

(2) 強化現金流管理：透過即時的現金流監控與預測，確保短期資產的靈活性與可用性。

(3) 多元化資產配置：不僅投資於核心業務，也可視企業策略需要，分散至多元化的投資組合，分散市場波動風險。

(4) 彈性融資工具的運用：利用短期貸款、循環信貸與供應鏈金融等工具，為資產調整與經營彈性提供資金支持。

(5) 建立專業決策機制：董事會與高階管理團隊應具備敏銳的市場觀察與風險評估能力，能在環境變化時快速做出正確決策。

治理文化與資產彈性

企業治理文化是資產彈性能否發揮的關鍵。當企業治理結構開放透明，決策專業化，資產調整與配置才能更符合市場與經營需求。董事會應主動支持資產靈活化策略，確保資產結構能因應企業不同階段的發展需求。

同時，員工的參與與意識也很重要。當資產彈性思維深入企業文化，基層員工將更能與管理階層合作，實現跨部門的資訊流通與資產配置協同。

企業韌性的關鍵支柱

　　資產彈性，不僅是企業財務結構的彈性，更是企業競爭力與永續經營的基礎。對臺灣企業而言，面對全球供應鏈挑戰與市場多變的環境，唯有在治理文化的支持下，持續優化資產配置，才能在風險與機遇間保持從容，展現企業的堅強韌性與持續成長力。

第四節　無形資產的財務意義

無形資產的概念與特性

在企業經營管理中，無形資產通常指的是那些無法以實體形態呈現，卻能為企業創造經濟利益與長期競爭優勢的資產。無形資產包含品牌價值、專利權、商標、著作權、技術祕密、客戶關係與專業知識等。隨著全球經濟的知識化與科技化，無形資產已成為企業價值的重要來源之一。

無形資產與有形資產最大的不同，在於它們不易被量化與評估，且價值受市場認知、技術創新與經營策略影響。對臺灣企業而言，特別是在科技業與文化創意產業中，無形資產的重要性愈發顯著。

無形資產的財務角色

無形資產在企業的財務管理中，扮演著多重角色。首先，它是企業未來現金流的驅動力。例如：技術專利的授權費或品牌價值所帶來的議價能力，能夠直接轉化為穩定的收益來源。

其次，無形資產能強化企業的市場競爭力。擁有獨特的技術或商業模式，能讓企業在產業中脫穎而出，獲得較高的市場占有率與客戶忠誠度。這些優勢，雖然難以在傳統財務報表中具體反映，卻是企業長期經營穩健的關鍵。

無形資產的評價與挑戰

無形資產的財務意義，必須透過有效的評價與管理來落實。然而，無形資產的評價一直是企業財務管理中的難題。由於無形資產缺乏實體形態，且價值受市場認知與經營策略影響，傳統的資產負債表往往無法完整呈現其價值。

目前常見的評價方法，包括收益法、成本法與市場法。收益法強調未來現金流折現，適合技術授權或品牌授權類資產；成本法則以重置成本為基礎，適用於技術研發與專利等資產；市場法則是以同類資產的市場價格作為參考，對於無形資產的併購或轉讓尤為重要。

對臺灣企業而言，如何在財務報表中適當揭露無形資產價值，並讓投資人與股東充分了解其策略意義，是企業治理與透明化的重要課題。

無形資產與企業長期發展

無形資產的價值，往往展現在企業的長期發展中。擁有高附加價值的無形資產，能讓企業在市場競爭中保持穩定的成長動能。例如：科技產業中的技術專利，能保護創新成果，延伸產品生命週期；品牌價值則能在消費市場中形成差異化，爭取顧客心占率。

臺灣許多企業已意識到無形資產的重要性，積極投入品牌經營與技術研發。特別是在國際化布局中，無形資產成為企業與國際市場接軌的關鍵，能協助企業建立全球認知度與合作機會。

第四章　資產配置策略：企業經營的支柱

無形資產的風險與管理

雖然無形資產帶來企業競爭優勢，但也伴隨特有的風險。技術專利若無法持續創新，將面臨被取代或侵權風險；品牌價值若未持續經營，將在市場中逐漸失去影響力。這些風險若未妥善管理，反而可能成為企業財務結構中的隱憂。

企業應透過完善的無形資產管理機制，強化對專利、商標與品牌的保護與維護。包括定期檢視無形資產組合的效益，確保其與企業策略一致，並結合財務規畫，避免資源投入與市場回報間出現落差。

治理文化與無形資產的價值發揮

無形資產的價值發揮，離不開企業治理文化的支持。董事會與經營團隊應將無形資產納入企業發展藍圖，從研發投入、品牌建設到專利布局，均應形成明確的策略目標與行動計畫。

同時，員工的參與與創新文化的養成，也是無形資產持續成長的關鍵。當企業能將創新與品牌精神內化於企業文化，無形資產的價值才能在市場與財務績效中充分展現。

臺灣企業的國際啟示

國際企業如 Google、蘋果與三星，透過不斷強化無形資產組合，成為全球市場的領航者。這些企業的成功經驗，顯示出無形資產在企業永續經營中的重要地位。

臺灣企業若能借鏡國際標竿，透過專業化的無形資產管理與國際化布局，將能在全球市場中鞏固競爭優勢，提升品牌價值與國際能見度。

無形資產，企業價值的隱形基石

　　無形資產，是企業財務結構中最具彈性與深遠意義的資產。對臺灣企業而言，唯有持續強化無形資產的管理與價值挖掘，並將其納入財務策略與治理文化，才能在競爭激烈的市場中脫穎而出，實現長期穩健的成長與永續經營的目標。

第五節　財務規劃下的資產管理

財務規劃與資產管理的關係

企業經營的核心,在於如何透過有效的資源分配,達成經營目標並持續創造價值。財務規劃作為企業長期經營藍圖的基礎,與資產管理有著密不可分的關係。財務規劃決定了企業的投資方向、資金配置與風險承擔;資產管理則是財務規劃的實踐,關乎企業如何將有限資源最大化發揮。

在臺灣,面對中小企業普遍的資源有限與產業競爭激烈,將財務規劃與資產管理系統結合,對於提升企業韌性與市場競爭力尤顯重要。

財務規劃的核心內涵

財務規劃的核心在於預見未來,並透過理性的決策,實現企業的長期目標。它通常包含營運資金規劃、投資策略規劃、融資策略與風險管理等面向。透過財務規劃,企業能更清晰掌握自身財務結構的現況與挑戰,並在不同階段設定具體可行的發展策略。

財務規劃強調「動態」與「彈性」,需要隨著外部環境與企業內部狀況調整,而非一成不變的僵化文件。這也是資產管理得以靈活調度、快速應變的基礎。

資產管理的基本目標

資產管理的主要目標,是在滿足企業營運與成長需求的前提下,實現資金使用效率最大化,並降低風險。它涵蓋固定資產(如廠房、設

備)、流動資產(如現金、應收帳款)與無形資產(如專利、品牌)等多元面向。

臺灣企業在資產管理上,若能結合財務規劃的策略視角,將能提升資產使用效率、減少閒置資源與無效投資,並在市場轉折時,展現更強的韌性與調整能力。

財務規劃下的資產組合策略

財務規劃指引下,資產管理應重視資產組合的多元化與平衡性。具體而言,企業可從以下幾個層面進行策略調整:

(1)資產類型的平衡:企業應根據產業特性與發展階段,平衡流動資產與非流動資產的比重,兼顧短期應變與長期競爭力。

(2)投資報酬的最大化:以財務指標(如投資報酬率、資產報酬率)作為評估基礎,優先投資於能帶來高回報與策略性價值的資產。

(3)風險分散化:避免過度集中投資於單一產業或資產類型,透過多元化配置,降低市場波動的影響。

(4)資金來源的合理化:將長期資產配置以長期資金支應,短期資產配置以短期資金支應,避免資金錯配帶來的財務壓力。

臺灣企業的實務挑戰與轉型

在臺灣,許多中小企業仍面臨資產配置過於集中或流動性不足的問題。部分傳產企業在成長期大量投資固定資產,忽略了市場變化與彈性需求;新創企業則可能因短期資金需求而犧牲長期資產布局。

為了應對這些挑戰,越來越多臺灣企業開始重視財務規劃與資產管

理的結合。包括引進財務管理人才、強化內部財務部門的專業化，甚至聘請外部顧問協助盤點資產結構，找出最佳配置策略。

治理結構與資產管理文化

資產管理能否發揮效益，取決於企業治理結構的支持與企業文化的深化。董事會應將資產管理視為企業治理的重要一環，建立監控與調整機制，定期檢視資產使用效益與風險。

此外，企業文化的養成，也會影響資產管理的執行力。當企業文化強調資產彈性、效率與透明度，基層員工到高階主管都能以更專業與前瞻的視角看待資產配置，資產管理的實施將更具成效。

結合國際趨勢的資產管理

放眼國際，許多跨國企業將資產管理視為企業競爭力的重要引擎。例如：透過數位化工具（如大數據與 AI 分析），實現即時資產監控與決策支援，讓資產管理不再只是傳統的報表工作，而是企業發展的策略推進器。

臺灣企業若能借鏡國際趨勢，結合智慧化工具與在地經驗，將能在資產管理的專業化與國際化上，取得更大的進步空間。

穩健成長的資產管理之道

財務規劃下的資產管理，是企業穩健經營與持續成長的基礎。對臺灣企業而言，面對市場的不確定性與國際化的挑戰，唯有在財務規劃的引領下，持續優化資產配置，才能在市場競爭中保持彈性，實現長期發展與永續經營的目標。

第六節　資產配置與營運安全

營運安全的關鍵意義

　　企業營運安全，指的是企業能在各種市場變動與外部衝擊下，維持正常經營與持續獲利的能力。對臺灣企業而言，面對全球供應鏈重組、國際市場競爭與區域政治風險，營運安全的重要性日益突顯。而資產配置策略，正是企業強化營運安全與抵禦風險的核心關鍵。

　　資產配置不僅關乎資金分配與投資方向，更關乎企業的資源調度彈性與風險承擔能力。唯有合理配置各類資產，才能讓企業在危機出現時，具備穩健的財務體質與應變能力，確保營運安全與競爭力。

資產配置與營運安全的關聯

　　資產配置的首要任務，是將資金有效分配於企業的核心營運需求與成長潛力專案。企業若能在流動資產與固定資產、短期資金與長期資金間，維持合理的比例與平衡，就能在景氣變動時，快速調整資源分配，確保營運不中斷。

　　舉例而言，流動資產的比例過低，可能導致企業無法應對短期現金需求，增加營運中斷的風險；而固定資產比例過高，則會使資金被長期綁定，降低企業的資金調度彈性。透過合理配置，企業能在營運安全與成長需求間找到平衡點。

第四章　資產配置策略：企業經營的支柱

臺灣企業的實務挑戰

臺灣企業普遍以中小型企業為主，資產配置上往往存在著集中化與彈性不足的挑戰。部分企業為了擴張市場，過度投資固定資產與設備，卻忽略了短期現金流的穩定性，導致在景氣下行或市場需求下滑時，營運安全受到威脅。

另一方面，部分企業因應收帳款管理不善或庫存積壓，資金過度被動占用，影響了短期現金流與資產靈活度。這些問題都顯示，臺灣企業在資產配置上仍需進一步優化，以確保營運安全與抗風險能力。

強化資產配置以確保營運安全的策略

企業可從以下幾個面向著手，強化資產配置策略，提升營運安全性：

(1) 短期資產比例的適當性：定期檢視流動資產結構，確保現金、應收帳款與庫存的合理性，維持足夠的現金流以支應日常營運。

(2) 投資回收期的嚴謹評估：對於固定資產與長期投資，應嚴格評估投資回收期與風險承擔能力，避免資金長期被套牢。

(3) 多元化資產組合：避免資產過度集中在單一產業或單一客戶，透過多元化配置，降低市場波動對企業的影響。

(4) 靈活的資金調度機制：與金融機構建立長期合作關係，確保在必要時能迅速取得資金支持，降低突發風險對營運的衝擊。

治理機制與文化的支撐

良好的治理結構，是資產配置與營運安全結合的保障。董事會與經營團隊應將資產配置視為企業經營的核心決策，透過專業化的財務分析

與監控機制,及時調整策略,確保營運安全。

同時,企業文化的養成也是關鍵。當全體員工都能理解資產配置與營運安全的關聯,並在日常工作中落實財務紀律與資金管理,企業的營運韌性將更為強化。

國際趨勢與臺灣企業的啟示

在國際市場中,許多企業已將資產配置策略納入永續經營與 ESG 目標中。透過優化資產組合,企業不僅能確保營運安全,還能在市場中展現良好的治理形象,吸引更多投資人與合作夥伴的青睞。

臺灣企業若能借鏡國際企業的經驗,結合在地特質與產業發展趨勢,將能在資產配置與營運安全的雙重目標間,找到最適合的平衡點。

資產配置,營運安全的基礎

資產配置不僅是財務管理的技術,更是企業營運安全與長期發展的基礎。對臺灣企業而言,唯有持續優化資產配置策略,並在治理文化的支持下,強化財務彈性與抗風險能力,才能在全球市場的變局中,穩健前行,實現企業的永續發展目標。

第七節　資產組合的多元化與風險控管

資產組合多元化的核心概念

　　資產組合多元化，指的是企業在資產配置過程中，將資金分散投放於多元化的投資專案與資產類型，避免將所有資源過度集中在單一標的或領域。這種多元化策略，源自現代投資理論（Modern Portfolio Theory），強調透過分散化，降低個別資產的波動對企業整體財務的衝擊。

　　對臺灣企業而言，資產組合多元化不僅是財務管理的基本原則，更是企業抵禦市場波動與實現穩健成長的重要策略。特別是在面對全球市場的不確定性與供應鏈變化時，資產組合的多元化能提升企業韌性，強化長期競爭力。

資產組合多元化的具體面向

　　資產組合多元化，涵蓋多個層面。首先，企業可透過不同產業或產品線的投資，分散產業風險。例如：臺灣科技業者在半導體供應鏈布局外，也積極投入綠能、電動車等新興領域，降低單一產業景氣循環的衝擊。

　　其次，資產組合多元化也展現在地理市場的分散。透過國際市場布局，企業能降低單一區域市場波動對經營的影響。像是臺灣的食品業者，積極拓展東南亞市場，形成多元化的營收來源，減輕單一市場景氣波動帶來的壓力。

　　最後，企業可從資產類型面進行多元化，包括固定資產、流動資產與無形資產的合理組合。這樣的多元化配置，能在市場波動時，保持現金流的穩定性與長期競爭力。

第七節　資產組合的多元化與風險控管

資產多元化的風險控管意涵

雖然資產多元化有助於分散風險，但若缺乏明確的策略與風險管理機制，仍可能衍生新的風險。例如：過度追求多元化而分散了企業的核心競爭力，或是投資多元化專案時，缺乏產業知識與專業評估，反而加劇管理複雜度與財務壓力。

因此，企業在實施多元化策略時，必須同時建立完善的風險控管機制。這包括：

1. 嚴謹的投資評估流程

在投入新產業或資產類型前，應進行完整的市場研究與財務模擬，評估投資報酬與潛在風險。

2. 動態調整機制

資產組合需隨著市場與企業策略的變化，進行持續調整，避免長期固守而失去彈性。

3. 治理結構的專業化

透過專業董事會與高階管理團隊，定期檢視資產組合績效與風險，確保決策的科學性與透明性。

臺灣企業的實務挑戰與啟示

臺灣許多中小企業，在面對市場國際化與多變化時，逐步意識到資產多元化的重要性。然而，在實務操作上，常面臨以下挑戰：

- 資本有限與資源分散：中小企業資金有限，若過度多元化，可能稀釋對核心業務的投入，造成經營焦點模糊。

第四章　資產配置策略：企業經營的支柱

- 專業知識不足：跨足新產業或國際市場，缺乏產業知識或管理經驗，容易導致投資失利。
- 短期財務壓力：多元化投資通常需要中長期布局，企業若無穩健的現金流規畫，可能因短期資金壓力而中斷計畫。

對此，臺灣企業應從財務結構與治理體系著手，兼顧多元化與專業化，避免多元化陷阱，確保資產組合策略真正發揮分散風險與創造價值的功能。

國際趨勢與臺灣企業的參考

國際間，許多企業已將資產組合多元化納入 ESG（環境、社會與治理）與永續發展目標。透過投資綠能、社會創新與智慧科技，企業不僅分散風險，也強化社會責任與永續競爭力。

臺灣企業若能借鏡國際趨勢，結合在地產業優勢，將資產多元化與企業長期策略結合，將能在全球市場中建立更強的競爭力與韌性。

穩健成長的多元化之道

資產組合的多元化與風險控管，是企業穩健經營與長期發展的基礎。對臺灣企業而言，唯有持續優化資產配置，結合專業化治理與科學化風險管理，才能在瞬息萬變的市場中，抓住機遇、化解風險，實現企業長期成長與永續經營的願景。

第八節　資產配置的未來趨勢與挑戰

全球化與資產配置的新視野

隨著全球化加速與科技變革，資產配置策略正面臨前所未有的變革與挑戰。對臺灣企業而言，全球市場的互聯與供應鏈的重組，讓資產配置不再是單一國內市場的思考，而是需要結合國際視野與產業脈絡，才能在競爭激烈的環境中脫穎而出。

近年來，國際企業紛紛將資產配置策略結合環境、社會與治理（ESG）目標，從傳統的財務報酬最大化，轉向永續發展與社會責任的平衡。臺灣企業若能擁抱這股潮流，將能在國際市場中展現更強的韌性與競爭優勢。

數位化與智慧化管理的崛起

數位化與智慧化，正在重塑企業資產配置的方式與深度。透過大數據、人工智慧（AI）與物聯網（IoT）等技術，企業能夠即時掌握資產狀態、效益與風險，提升資產管理的透明度與決策精準度。

例如：智慧製造系統能協助企業降低設備閒置率，提升資產使用效率；財務 AI 分析工具則能即時預測資產報酬與現金流變化，讓資產配置不再只是靜態的報表工作，而是企業動態經營策略的一部分。

對臺灣企業而言，數位轉型已成為未來資產配置優化的關鍵。唯有結合數位工具與專業化管理，才能在國際競爭中持續強化財務結構與抗風險能力。

第四章　資產配置策略：企業經營的支柱

ESG 思維下的資產配置

　　企業永續發展已成為國際間的普遍共識。資產配置不再只是追求短期報酬，而是必須與環境、社會與治理目標協同發展。投資人、客戶與社會大眾，越來越重視企業是否在資產配置中，納入減碳、節能與社會影響的思考。

　　在臺灣，許多企業已經開始透過綠色融資、低碳轉型專案與社會創新投資，將永續思維落實於資產配置策略中。這不僅提升企業在國際市場的信任度，也為長期發展注入新的動能。

產業轉型與資產結構調整

　　面對全球供應鏈重組與產業轉型，臺灣企業的資產結構正面臨新的挑戰與機會。傳統製造業需思考如何從高比例固定資產結構，轉向更具彈性的智慧製造與服務型態；新創企業則需平衡創新投資與現金流穩健，確保資產配置與成長策略同步前進。

　　這樣的產業轉型，要求企業能在資產配置中，結合市場趨勢與技術發展，找出最適合的發展模式，避免因傳統資產配置慣性，而錯失轉型機會。

臺灣企業的未來挑戰與應對

　　儘管面對新趨勢與國際化壓力，臺灣企業仍展現出高度的適應性與創新力。然而，未來的資產配置策略，仍需應對以下挑戰：

1. 資金來源的多樣化與彈性

　　如何在多元化融資市場中，取得穩定資金來源，並保持財務結構的彈性，成為企業能否持續投資與擴張的關鍵。

2. 跨部門整合與治理結構

資產配置的決策，需要整合財務、營運與市場等多部門資訊，董事會與高階經營團隊的專業化與透明化，將是企業能否做出正確決策的基礎。

3. 國際化布局與本土競爭力

臺灣企業若要在國際市場中發光發熱，資產配置必須結合國際市場需求與在地優勢，兼顧市場彈性與品牌價值的長期經營。

實務建議與未來布局

為了因應未來的挑戰，臺灣企業在資產配置上，可從以下實務方向布局：

(1) 強化財務敏捷度：結合動態資產監控工具，持續調整資產組合，提升短期與長期的財務穩健性。

(2) 聚焦核心優勢：資產配置應回到企業的核心競爭力，將資源投入最具成長潛力與差異化的領域，避免分散化造成資源耗損。

(3) 投資綠色與永續發展：透過綠色融資、低碳專案等方式，結合資產配置與企業社會責任，展現國際化經營的誠信與責任感。

(4) 專業化治理結構：強化董事會專業性與財務治理機制，確保資產配置的科學性與長期價值創造。

資產配置的進化與機會

資產配置的未來，既是挑戰，也是機會。對臺灣企業而言，面對全球競爭與國際市場的浪潮，唯有結合專業治理、科技工具與永續思維，才能在資產配置的轉型中，創造企業長期競爭力，實現穩健發展與國際化願景。

第四章　資產配置策略：企業經營的支柱

第五章
關係的財務意涵：
經營與人際網絡

第五章　關係的財務意涵：經營與人際網絡

第一節　企業發展與人際關係網絡

人際關係網絡的重要性

在企業經營與發展的過程中，人際關係網絡扮演著舉足輕重的角色。人際關係網絡，指的是企業透過經營者、股東、員工及外部合作夥伴，所建立起的互動連結與信任基礎。這些關係不僅影響企業的資源取得、知識交流與市場開拓，還深刻地塑造企業的文化與治理結構。

對臺灣企業而言，尤其是以中小企業與家族企業為主的人脈型經營特色，人際關係網絡的深厚與否，常常決定了企業能否在市場競爭中找到突破點與成長動力。

企業發展的基礎：關係的價值

企業的發展，不只是技術與產品的競爭，更是人際網絡與社會關係的競爭。關係網絡能為企業帶來多方面的支持，包括：

- 資源的取得：無論是資金、人才或技術，透過良好的人際網絡，企業能更順利取得所需資源，減少外部障礙。
- 市場的機會：人際網絡提供了關鍵的市場情報與潛在合作機會，讓企業能更精準掌握市場動態。
- 信任與聲譽：透過長期的互動與合作，企業能在社會中建立良好的信譽，強化與合作夥伴及客戶的關係。

這些關係帶來的價值，往往無法在傳統財務報表中量化，卻是企業永續經營不可或缺的無形資產。

臺灣企業的關係網絡特質

臺灣企業長期以來具備人際關係導向的經營文化。許多企業透過家族、同鄉會、校友會等社會連結，建立起深厚的信任基礎。這種文化，使得企業在面對資金籌措、合作談判等議題時，能迅速取得外部支持與資源。

然而，這種高度依賴人際關係的經營模式，也可能帶來挑戰。例如：當企業成長到一定規模，組織必須專業化治理，但人際關係過於強調「情面」與非正式協議，容易造成決策缺乏客觀性，甚至形成治理漏洞。

人際關係網絡對企業發展的助力

人際網絡為企業發展提供了以下助力：

- 降低交易成本：信任關係的建立，使得企業在商業合作中，能減少監控與談判成本，提升效率。
- 促進知識分享：透過與外部合作夥伴的互動，企業能接觸到多元化的知識與技術，強化創新能力。
- 穩定營運基礎：長期的合作夥伴關係，有助於企業在市場變動中保持穩定，避免因供應鏈斷裂而陷入危機。

國際化挑戰下的關係轉型

隨著臺灣企業積極走向國際化，人際關係網絡也面臨轉型的挑戰。國際市場講求透明度與專業化，傳統依賴「關係」的經營模式，必須轉化為更符合國際規範與專業標準的合作機制。

例如：臺灣企業在與國際客戶或投資夥伴洽談時，需展現清晰的財

務資訊與治理架構，確保人際關係與企業專業形象的平衡，避免因關係模糊而損害企業信譽。

建立健康的人際關係文化

要讓人際關係網絡成為企業發展的助力，企業應從治理文化與價值觀入手，建立健康的人際關係文化。這意味著，企業應將信任與誠信作為合作的基礎，同時確保決策機制的專業化與透明度，避免過度依賴關係而犧牲客觀判斷。

此外，企業應鼓勵內部溝通與跨部門合作，讓人際關係不只是外部資源的取得，也成為企業內部團隊合作的驅動力。

臺灣企業的轉型與未來布局

隨著國際化與產業升級，臺灣企業正逐步從傳統的人情網絡，轉向結合人際關係與專業治理的新模式。許多企業開始透過專業化的財務管理與資訊揭露，強化合作夥伴與客戶的信任感，提升企業的國際競爭力。

這種轉型不僅展現在外部合作，也深入企業內部，成為推動永續發展與創新轉型的文化基礎。

關係網絡，企業發展的隱形推手

企業發展與人際關係網絡的交織，構成了企業經營的獨特優勢與挑戰。對臺灣企業而言，唯有將人際關係文化與財務治理結合，發揮信任關係的經濟價值，才能在競爭激烈的市場中，保持靈活與韌性，實現長期的穩健發展與國際化願景。

第二節　財務管理中的社會資本角色

社會資本的概念與企業意涵

在當代經營管理中，社會資本被視為影響企業資源整合與經營績效的重要驅動力。社會資本通常指的是企業在社會網絡中累積的信任、規範與互惠關係，這些無形資產能協助企業取得關鍵資源、降低交易成本與促進知識交流。

對於臺灣企業而言，社會資本與人際關係網絡密不可分。從傳統的家族企業文化，到現代產業中的合作夥伴關係，社會資本的深度與廣度，往往決定了企業能否在競爭激烈的市場中，取得有利位置並持續創新。

財務管理中的社會資本意義

社會資本不僅是企業文化的展現，也是財務管理的基礎之一。在資金籌措、投資決策、風險控管與資產配置等財務領域，社會資本扮演著多重角色：

(1)籌資便利性：企業若擁有良好的社會資本與信任基礎，更能取得銀行、創投或合作夥伴的支持，降低資金取得成本與障礙。

(2)風險分散與共擔：透過穩定的合作網絡，企業能在市場波動時，與合作夥伴共享資源與風險，提升經營韌性。

(3)資訊透明度與治理：社會資本建立在誠信與透明的基礎上，能提升企業財務資訊的可得性與準確性，增進外部信任與支持。

第五章　關係的財務意涵：經營與人際網絡

(4)策略靈活性：社會資本網絡提供多元化的市場與技術情報，協助企業在投資與融資決策中，做出更靈活與前瞻的選擇。

臺灣企業的社會資本實務

臺灣企業長期以來具備強烈的人情味與社會連結文化。許多企業透過校友會、產業協會與在地社群，建立起多元化的合作網絡。例如：臺灣許多製造業者與上下游廠商維持長期合作，彼此分享市場趨勢與技術發展，形成強大的社會資本基礎。

這些社會資本，讓臺灣企業在面對市場不確定性與供應鏈挑戰時，能更迅速調動資源與獲得合作夥伴的支持。然而，若社會資本過度依賴關係與人情，缺乏專業治理與透明資訊，反而可能成為企業財務風險的隱憂。

社會資本對財務透明化的影響

現代財務管理強調資訊透明化與治理結構的專業化。社會資本的存在，若能與企業治理結合，將能強化財務決策的穩健性。例如：透過與產業協會或專業財務顧問的合作，企業能取得更客觀與專業的財務建議，減少決策偏誤與內部舞弊的風險。

此外，社會資本還能協助企業在與金融機構或投資人的互動中，展現財務資訊的真實性與完整性，建立良好的市場信譽與信用評等。

社會資本的風險與財務挑戰

儘管社會資本帶來眾多財務管理優勢，仍伴隨一定的風險與挑戰。首先，當社會資本過度集中在少數關係人或特定網絡時，企業可能因關

係失衡而面臨財務決策失當。例如：若企業決策過於依賴「關係」而忽略客觀財務分析，可能在投資與資金調度上，陷入偏頗與風險放大的困境。

再者，社會資本若缺乏與專業治理結構的結合，可能成為資訊不對稱與舞弊的溫床，削弱企業的財務紀律與長期穩健性。

建立平衡的社會資本策略

為了在財務管理中發揮社會資本的最大效益，企業應從以下幾方面著手：

1. 結合專業化治理

將社會資本的靈活性，與企業專業化的治理機制結合，形成科學決策與信任文化的雙重保障。

2. 資訊透明與共享

促進與合作夥伴間的資訊透明與資源共享，降低資訊不對稱造成的財務決策風險。

3. 持續評估與調整

定期評估社會資本網絡的結構與效益，避免過度依賴特定關係或人脈，保持決策的多元化與獨立性。

國際趨勢下的社會資本思維

在全球化與永續經營趨勢下，社會資本不僅是企業經營的優勢，更是企業實現 ESG 目標的重要推手。國際企業已將社會資本視為企業社會

第五章　關係的財務意涵：經營與人際網絡

責任的一部分，透過社會連結與合作網絡，推動企業治理與環境永續。

臺灣企業若能將社會資本與國際治理標準接軌，將有助於在國際市場中建立更高的信用與品牌影響力。

社會資本，企業財務治理的無形力量

社會資本在財務管理中的角色，遠超過人脈與互動，它是一股推動企業穩健經營與永續發展的無形力量。對臺灣企業而言，唯有在專業化治理與資訊透明的基礎上，善用社會資本的潛力，才能在國際市場的舞臺上，持續展現競爭力與韌性。

第三節　人脈與企業競爭優勢的連結

人脈的經營價值

在人際關係導向的臺灣企業文化中，人脈不只是資源，更是一種能量。人脈網絡意味著信任、合作機會與市場洞察，能幫助企業在複雜的市場環境中找到突破口。尤其在中小企業與家族企業盛行的背景下，人脈更是企業取得資金、技術與商機的重要橋梁。

然而，人脈對企業發展的影響，並非僅停留在社交層面，而是深刻影響企業的競爭優勢與經營策略。當人脈與企業核心能力、治理文化結合，便能形成獨特的競爭資源，協助企業在動盪市場中立於不敗之地。

人脈的多元化構成

人脈網絡的組成，涵蓋內部與外部兩大面向。內部層面，包含企業經營團隊與員工間的合作與信任。外部層面，則涵蓋供應鏈夥伴、金融機構、客戶群體與政府及產業組織等。

對臺灣企業而言，內部人脈的凝聚力，能強化組織溝通效率與創新合作力；外部人脈的廣度，則有助於市場機會的開發與國際市場的開拓。兩者交織，構成企業靈活應對市場挑戰的關鍵能力。

人脈與競爭優勢的實務連結

企業若能將人脈經營納入整體經營策略，將在人際網絡與競爭優勢間，產生深遠的連結。例如：

- 市場情報與決策靈敏度：透過與客戶、供應商或產業協會的長期互動，企業能即時掌握市場動態與趨勢，做出更快更精準的財務與經營決策。
- 品牌與信任加值：人脈所帶來的正向口碑與信任基礎，能夠轉化為企業品牌的無形價值，吸引更多合作機會。
- 合作與資源整合：在人脈網絡中，企業能夠更有效率地整合外部資源，促進創新與跨界合作。

臺灣企業的人脈經驗

臺灣企業普遍善於透過人脈建立合作關係，尤其在家族企業與中小企業的發展中，人脈經營深具影響力。舉例來說，許多臺灣傳產企業，透過與供應商與經銷商的長期合作，建立起穩定的生產與銷售網絡；新創企業則藉由創業圈與加速器人脈，取得技術合作與市場切入機會。

然而，臺灣企業在面對國際化與專業化挑戰時，也逐漸意識到人脈不能只停留在情感或非正式的互動，必須結合專業治理與財務透明化，才能在國際市場上取得更大的信任與合作空間。

人脈經營的財務效益

從財務管理的角度看，人脈經營對企業競爭優勢的影響，具體展現在以下幾方面：

(1)降低資金取得成本：透過長期的人脈合作，企業能與銀行或投資人建立穩定的信用，取得更優惠的融資條件與成本。

(2) 提升資產使用效率：合作夥伴關係與共用資源，能減少重複投資，提升資產使用效率與報酬率。

(3) 分散經營風險：人脈網絡中的互信與合作，能分散單一市場或客戶的風險，增強企業韌性。

(4) 擴大市場布局：透過外部合作夥伴與關係網絡，企業能更快進入新市場，創造更多收入來源。

國際視野與專業化的人脈發展

隨著臺灣企業積極拓展國際市場，人脈經營也從在地化走向國際化。國際市場強調專業化與契約精神，臺灣企業在進行跨國合作時，必須同時展現專業治理能力與誠信經營文化，讓人脈從傳統的情感連結，轉變為專業與信任兼具的競爭資本。

例如：透過國際產業協會與國際商會的參與，臺灣企業能夠快速拓展國際人脈網絡，取得最新市場趨勢與合作機會，並展現企業的國際化經營能力。

建立持續創新的關係文化

在企業內部，持續創新的關係文化，也是人脈與競爭優勢結合的關鍵。當企業文化重視開放、共享與持續學習，組織內外的人脈網絡將不斷更新與優化，讓企業在面對新技術與新市場時，具備持續創新的活力。

臺灣企業可從內部跨部門合作、外部產學合作與社會參與等多層面，持續深化人脈網絡的品質與深度。

第五章　關係的財務意涵：經營與人際網絡

人脈 —— 企業競爭力的無形引擎

　　人脈不只是關係的總和，更是企業競爭優勢的無形引擎。對臺灣企業而言，唯有將人脈經營與專業化治理結合，發揮信任、資源與資訊的綜效，才能在全球市場中穩健前行，實現永續經營與國際化願景。

第四節　企業關係經營的財務思考

企業關係經營的內涵與重要性

在企業的經營實務中，關係經營往往是取得市場機會與鞏固競爭優勢的關鍵。所謂關係經營，指的是企業如何透過內外部互動與信任累積，維持與合作夥伴、客戶、供應商及其他利益相關者的良好連結。對臺灣企業而言，這種關係導向的經營方式不僅是企業文化的一部分，更是資源取得與市場競爭的重要保障。

然而，關係經營並非單純的社交活動，更是深刻影響企業財務結構與長期穩健性的關鍵因素。企業若能在關係經營中，兼顧誠信與財務思維，將能更好地將人際網絡的優勢，轉化為具體的財務成果。

關係經營與財務目標的協調

企業關係經營的最終目的，在於為企業帶來可持續的收益與穩定的資金來源。具體而言，關係經營若能與財務目標協調，將在以下層面產生顯著效益：

(1)降低交易成本：信任關係能縮短談判過程，減少合約糾紛，降低企業的財務風險與管理成本。

(2)強化資金取得：穩健的關係經營有助於提升企業在金融機構與投資人心中的信用，進而獲得更優惠的融資條件與資本支持。

(3)提高資產利用率：穩定的合作關係能促進資源共享，提升資產的使用效率與報酬率，降低不必要的資產閒置。

(4) 穩定現金流入：良好的客戶與供應商關係，意味著更穩定的銷售與供應網絡，協助企業維持穩健的現金流。

臺灣企業的關係經營模式

臺灣企業普遍具備「人情味濃厚」與「關係密集」的特色。許多中小企業透過長期合作與非正式互動，與客戶與供應商建立起深厚的互信基礎。這種關係模式，在臺灣的傳產與服務業特別普遍，也被視為企業韌性與競爭力的重要來源。

然而，當企業規模擴大或面對國際化挑戰時，單憑傳統的關係經營，已難以支撐複雜的財務管理需求。臺灣企業必須在延續關係文化的同時，融入專業化治理與財務透明化，讓關係經營成為推動企業永續成長的有力支柱。

關係經營中的財務風險管理

關係經營雖具備諸多優勢，若未能與財務思維結合，也可能成為企業財務風險的隱憂。例如：過度依賴特定合作夥伴，可能在對方出現問題時，對企業營運與資金鏈造成嚴重衝擊；或是企業因過於重視關係，而忽略財務可行性與成本效益，造成資金浪費與財務負擔。

因此，企業在關係經營中，應結合以下財務風險管理思維：

- 多元化合作網絡：避免過度依賴單一關係人，透過多元化客戶與供應商結構，分散市場與財務風險。
- 明確化契約關係：即便是基於長期信任的合作，也應透過明確契約條款，保障雙方權益並避免潛在糾紛。

- 定期財務評估：將關係經營納入財務報告與績效評估，確保關係的投入能轉化為具體財務效益。

國際化與專業治理下的關係經營

隨著臺灣企業積極拓展國際市場，關係經營的內涵與財務思維也必須升級。國際市場強調透明度、合規性與專業化，企業若要在跨國合作中取得信任，需以更科學與客觀的財務數據，支撐關係的深度與可持續性。

例如：國際品牌合作往往要求合作夥伴具備良好的財務紀律與治理能力，臺灣企業若能在財務決策中融入這樣的思維，將能更好地在國際市場上鞏固商譽，擴展合作機會。

企業治理文化與關係經營的結合

關係經營的財務思考，離不開治理文化的支持。董事會與經營團隊應重視關係經營與財務結構間的平衡，避免「關係凌駕專業」的盲點。同時，培養員工對財務紀律與資金效率的認知，讓關係經營與財務管理在組織內外形成合力。

這樣的治理文化，將讓企業在人際網絡與財務穩健間，找到長期發展與持續成長的最佳路徑。

誠信與專業的平衡藝術

企業關係經營不只是維繫合作，更是企業財務管理的重要策略。對臺灣企業而言，唯有在誠信與專業的平衡下，讓人際網絡與財務決策相

第五章　關係的財務意涵：經營與人際網絡

輔相成，才能在國際市場的挑戰與轉機中，保持靈活與韌性，實現永續發展與穩健經營的願景。

第五節　財務透明化與誠信經營

財務透明化的時代意義

在現代企業經營中，財務透明化已成為企業治理與市場信任的基礎。財務透明化指的是企業能清楚、完整地揭露財務資訊，讓利益關係人（如股東、員工、合作夥伴、政府與社會）能充分了解企業的經營現況與財務體質。它不僅是合規的要求，更是企業誠信經營與長期競爭力的重要表現。

對臺灣企業而言，尤其在面對國際市場與全球供應鏈的激烈競爭下，財務透明化與誠信經營已從企業內部的財務操作，升級為外部形象與信任資本的關鍵。

誠信經營的財務內涵

誠信經營強調企業在經營活動中，恪守真實、正直與負責任的原則。這種價值觀在財務管理上的具體展現，包含：

- 真實揭露：企業應如實反映財務狀況，避免誇大獲利或隱匿虧損，維護財務資訊的真實性與可驗證性。
- 及時更新：財務資訊應依循會計原則與規範，定期更新與披露，避免資訊落後或不完整。
- 公平對待：財務決策中，應兼顧所有股東與利益關係人的權益，避免資訊不對稱造成內部人優勢。

誠信經營的財務思維，讓企業不僅能夠合乎法令，更能在市場與社會中累積良好的商譽與品牌信任。

第五章　關係的財務意涵：經營與人際網絡

臺灣企業的財務透明化挑戰

臺灣企業在財務透明化的實踐上，雖已有顯著進步，但仍面臨若干挑戰。特別是中小企業與家族企業，普遍存在以下問題：

- 資訊揭露不足：部分企業對外財務揭露僅限於基本報表，缺乏深入的分析與未來展望，無法完整反映企業實力。
- 治理結構不健全：家族企業的治理結構，可能導致決策過度集中於少數人，忽略透明化與治理專業化的重要性。
- 文化差異影響：臺灣企業長期強調「關係」與「人情」，在財務資訊分享上，可能存在「保守」與「避風險」的文化傾向。

這些挑戰若未能改善，將在國際化與產業升級的過程中，成為企業持續成長的絆腳石。

財務透明化帶來的價值

當企業積極推動財務透明化，不僅有助於提升治理品質，更能在財務管理與市場競爭中，展現多重價值：

(1)強化資金取得能力：透明化的財務報告，能讓銀行、投資人與合作夥伴更有信心，提供更優質的融資與合作條件。

(2)提升市場信任度：市場對資訊透明的企業，往往給予更高的評價與支持，強化企業在市場中的競爭優勢。

(3)預防財務風險：資訊透明化有助於及早發現財務結構或營運策略的問題，降低潛在的財務風險。

國際視野下的財務透明化

在國際市場中，財務透明化被視為企業能否符合國際治理標準的重要指標。特別是跨國合作與上市融資時，透明的財務資訊能有效降低跨文化與跨市場的信任門檻，促進企業在國際合作中的競爭力。

臺灣企業若能與國際會計準則（IFRS）與 ESG 資訊揭露等趨勢接軌，不僅能提升國際化程度，也能在全球供應鏈與國際市場中，展現誠信與專業的形象。

誠信經營與治理文化的結合

財務透明化與誠信經營，最終要落實到企業治理與文化之中。董事會與經營團隊應將資訊透明化作為治理的重要目標，定期檢視財務報告的真實性與完整性，並將誠信原則融入財務決策與日常管理。

同時，企業內部應透過教育與訓練，培養員工對資訊透明化的重視與實務能力。當誠信經營成為企業文化的一部分，企業的治理體質與市場韌性都將隨之提升。

財務透明化 —— 企業永續經營的基石

財務透明化與誠信經營，是企業能否在國際市場與在地市場中，獲得長期信任與合作的關鍵。對臺灣企業而言，唯有將這樣的思維內化為治理文化與經營策略，才能在全球化競爭中穩健前行，實現企業的永續發展與社會責任承諾。

第六節　社會連結對企業永續的助力

社會連結的核心概念

在當代企業經營的框架中，社會連結（social ties）指的是企業與外部利益關係人之間的互動與信任網絡。這些關係涵蓋客戶、供應商、合作夥伴、政府單位、社會組織與在地社群等多樣角色，對企業的發展與穩健經營有深遠的影響。臺灣企業長期以來在人情網絡與社會連結方面，展現出強大的韌性與適應力，成為臺灣經濟發展的重要基礎之一。

社會連結不僅是企業在競爭中的隱形優勢，更是推動企業邁向永續經營與社會責任實踐的關鍵動力。隨著 ESG（環境、社會與治理）議題的興起，社會連結的重要性已從傳統的關係經營，升級為永續治理與企業價值的核心。

社會連結與企業永續的關聯

企業永續經營強調的是企業在經濟、社會與環境面向的平衡與協調。社會連結，正是這個平衡中的重要支點。具體而言，社會連結對企業永續發展的助力，主要展現在以下幾個面向：

1. **資源共享與合作創新**

透過與外部社群與夥伴的互動，企業能取得技術、知識與市場資源，推動創新與轉型。

2. 風險分散與韌性強化

良好的社會連結，能讓企業在面對外部衝擊（如疫情、供應鏈危機）時，迅速取得支持與資源，減輕營運壓力。

3. 社會信任與品牌形象

社會連結的深厚，能提升企業在社區與市場中的形象與認同，強化品牌忠誠度與社會信任。

臺灣企業的社會連結實務

臺灣企業長期以來，善於透過社會連結強化企業韌性。許多中小企業透過產業協會、校友會與地方社群，建立起穩定的合作關係網絡。例如：傳統製造業者透過與地方政府與學術機構的合作，取得技術轉移與研發支援；新創企業則透過加速器與創業社群，快速切入國際市場。

此外，臺灣企業在面對社會議題時，常展現出高度的社會責任感。許多企業在地方公益活動、文化保存與弱勢扶助中，積極參與並貢獻資源，強化與社區的連結，展現企業的社會價值。

社會連結的財務效益與治理意涵

社會連結雖屬於無形資產，卻能產生具體的財務效益。首先，穩健的社會連結能降低企業的交易成本與資訊不對稱問題，協助企業取得更優渥的合作條件。其次，透過社會信任的加持，企業能在資金籌措與市場拓展上取得更多支持，降低財務成本與經營風險。

在治理層面，社會連結也是企業誠信經營與資訊透明化的催化劑。

當企業重視社會連結,意味著它必須在治理架構與決策過程中,融入利益關係人的意見與期待,推動更具包容性與負責任的治理模式。

國際化下的社會連結挑戰與機會

在全球化的市場環境下,社會連結的內涵與挑戰也隨之變化。國際市場強調契約精神與資訊透明,企業若要將臺灣在地的社會連結優勢,轉化為國際競爭力,必須兼顧本土文化與國際規範。

例如:國際品牌與供應鏈夥伴,期待企業能在 ESG 議題上展現具體承諾,透過社會連結強化企業的社會影響力與品牌價值。臺灣企業若能將在地社會連結的韌性,結合國際化的專業與合規標準,將能在全球市場中,發揮更大的競爭優勢。

建立永續的社會連結策略

面對未來挑戰,企業應積極規劃與落實永續的社會連結策略。具體建議包括:

(1)深化與社區的合作:將社會連結納入企業經營策略,持續與社區溝通,讓企業成為地方發展的重要推手。

(2)推動社會創新:透過跨部門與跨界合作,發展社會影響力導向的產品與服務,兼顧經濟與社會價值。

(3)資訊透明與治理專業:確保社會連結的落實,建立在資訊透明與專業治理基礎上,兼顧誠信與績效。

社會連結 —— 企業永續的隱形支柱

　　社會連結是企業永續經營的隱形支柱,也是推動臺灣企業國際化與創新發展的軟實力。唯有在誠信經營與專業治理的引領下,讓社會連結成為企業經營哲學的一部分,企業才能在多變的市場與國際競爭中,穩健發展,實現長期的社會價值與商業回報。

第五章　關係的財務意涵：經營與人際網絡

第七節　財務決策與組織溝通

財務決策的核心意涵

　　財務決策是企業經營過程中至關重要的一環，關乎資金如何配置、風險如何控管以及如何實現長期穩健的經營目標。財務決策包含了資金籌措、投資規劃、現金流管理與風險評估等多方面議題，每一項決策都必須結合企業的總體策略與市場環境，才能達到最佳的經營效益。

　　然而，財務決策從來不只是財務部門的專業任務，它與企業內部溝通與組織合作密不可分。只有在充分的組織溝通與資訊透明化下，財務決策才能兼顧各部門的需求，成為企業競爭力與永續經營的重要推手。

組織溝通在財務決策中的角色

　　在企業經營中，組織溝通是財務決策得以成功落實的橋梁。它不僅是財務資訊的單向傳遞，更是一個跨部門合作與雙向回饋的動態過程。良好的溝通能夠確保以下幾項財務決策的重要基礎：

1. 資訊的即時與完整

　　各部門的營運狀況、專案進度與市場動態，若能及時回饋給財務部門，將有助於財務決策的正確性。

2. 目標的一致與協調

　　財務決策往往涉及多部門合作，透過溝通，能讓企業上下對資金運用、風險承擔與報酬預期有共同認知。

3. 風險與挑戰的辨識

組織內部若能在溝通中坦誠面對風險與挑戰,將能及早發現財務隱憂,降低決策失誤。

臺灣企業的溝通文化特質

臺灣企業長期以來具有「人情味」與「關係導向」的文化,這樣的文化對組織溝通有一定助力。許多中小企業透過非正式的人脈網絡,彌補部門間的溝通隔閡。然而,當企業成長規模擴大、組織層級增多,僅靠非正式的溝通已難以支撐複雜的財務決策。

隨著產業升級與國際化壓力的加劇,臺灣企業越來越需要從傳統的關係型溝通,轉向專業化與制度化的溝通模式。唯有如此,才能讓財務決策不只是少數高層的直覺判斷,而是組織整體智慧的結晶。

財務透明化與溝通的雙向驅動

在現代財務治理中,財務透明化與組織溝通是相輔相成的。透明化的財務資訊能讓各部門清楚了解企業的財務健康狀況,避免因資訊落差而產生錯誤認知;同時,跨部門的溝通回饋,也能讓財務部門在決策時,納入更全面的資訊與觀點。

例如:營運部門能提供即時的市場銷售數據,生產部門能揭示產能瓶頸,研發部門則能提出技術升級的資金需求。這些資訊的整合,能讓財務決策更符合企業的整體策略與市場機會。

財務決策中的溝通策略

為了讓財務決策更具前瞻性與執行力，企業應重視以下溝通策略：

(1)定期化溝通機制：建立跨部門會議、專案簡報與例行財務報告，讓財務決策能在多方意見交流下產生。

(2)資訊的視覺化與易懂性：透過數據視覺化與報告簡潔化，讓非財務背景的部門同樣能理解財務決策的邏輯與必要性。

(3)雙向回饋與共識建立：不僅是財務部門向下傳達指令，更應聆聽各部門的回饋，建立「共同決策、共同承擔」的組織文化。

國際化挑戰下的溝通進化

臺灣企業在邁向國際化過程中，面臨多文化與多市場的挑戰。財務決策與溝通模式也必須適應國際市場的透明與標準化要求。跨國企業講求契約精神與資訊披露，臺灣企業若能在財務決策中融入國際化溝通標準，將有助於在國際市場中贏得合作夥伴與投資人的信任。

此外，數位化工具如 ERP 系統與智慧財務平臺，也為企業的財務決策與溝通提供新助力。透過即時數據與線上合作，能突破傳統組織結構的限制，讓跨部門溝通更即時、更精準。

治理文化與溝通力的養成

財務決策與組織溝通的良性互動，最終要依賴企業治理文化的支持。董事會與高階管理團隊應將溝通視為企業文化的一部分，透過制度設計與文化引導，鼓勵各部門跨界合作與資訊分享。

同時，企業應持續培養財務人員的溝通力與業務部門的財務敏感度，讓財務決策不再是「財務部門的工作」，而是整個組織共同的責任與智慧。

財務決策與溝通的協同效益

財務決策與組織溝通，兩者是企業穩健經營的雙引擎。對臺灣企業而言，唯有在專業化治理與開放式溝通的支持下，財務決策才能真正發揮其價值，成為企業國際化與永續發展的基石。這樣的溝通與決策文化，也將是企業在未來挑戰中，保持韌性與創新的關鍵動力。

第五章　關係的財務意涵：經營與人際網絡

第八節　人際互動中的財務智慧

人際互動的多層意涵

　　在企業經營的脈絡中，人際互動遠遠超過表面上的社交往來。它是企業文化、經營策略與市場動態的交會點，也是企業取得信任與合作資源的關鍵。對於臺灣企業而言，人際互動深植於社會文化與家族經營傳統之中，成為企業維持競爭力的重要基礎。

　　然而，隨著市場競爭加劇與國際化腳步加快，企業需要在人際互動中，結合專業化與科學化思維，尤其是在財務管理上展現出更多智慧。這種財務智慧，意味著在互動與合作中，平衡信任與理性，兼顧情感關係與財務紀律，讓人脈不僅成為資源，更是助力企業穩健經營與永續發展的關鍵。

人際互動與財務決策的連結

　　在人際互動中，財務智慧的第一步是能將關係帶來的資源與機會，轉化為企業的財務價值。舉例而言：

1. 資金取得與成本控制

　　與金融機構、投資人建立長期信任，能讓企業取得更優惠的融資條件，降低資金成本。

2. 市場情報與機會辨識

　　與供應商、客戶保持緊密互動，能讓企業在市場變動時，取得第一手情報，提前布局財務策略。

3. 資產運用與風險分散

人脈網絡中的互惠與合作，能協助企業在投資決策時，共享資源、分散風險，強化財務穩健。

這樣的財務智慧，建立在尊重與信任的人際基礎上，更需要專業的財務治理與透明化機制的支持，才能在長期經營中，持續發揮最大價值。

臺灣企業的人際互動特色

臺灣企業的人際互動，長期以來深受儒家文化影響，強調「禮尚往來」與「誠信做人」的價值觀。許多中小企業透過校友會、產業協會與地方社群，建立深厚的人際網絡，讓企業在面對外部挑戰時，能快速動員資源與取得信任。

然而，這種「人情導向」的人際互動模式，也可能在企業成長與國際化過程中，面臨專業化與財務紀律的挑戰。當人際互動過度依賴感情而忽略專業判斷時，可能造成資源錯置、決策失誤與財務風險。

財務智慧的實務展現

企業若要在人際互動中展現財務智慧，需從以下面向著手：

1. 資訊透明化與理性分析

在合作洽談與互動過程中，保持資訊的透明與真實，讓每項合作都建立在客觀財務基礎上，避免因關係過度「美化」而忽略潛在風險。

2. 適度的風險評估

即使是基於長期信任的合作，也應結合財務風險評估，設定合理的權責與報酬結構，確保合作對企業長期財務穩健的貢獻。

3. 長期價值的視野

避免因短期利益或關係壓力，而做出損及企業永續發展的財務決策。以長期報酬與風險平衡為依據，讓人際互動成為長期競爭力的助力。

國際化下的人際互動與財務思維

在邁向國際市場的過程中，臺灣企業必須面對不同文化背景與市場邏輯的人際互動。國際企業強調專業、透明與契約精神，這要求臺灣企業在發揮人際互動優勢時，更需要結合國際化的財務思維與合規標準。

例如：與跨國客戶或供應鏈夥伴的合作，往往需要更完善的財務報告與內控制度，確保資訊對稱與合作誠信，避免「關係好、合作快」卻忽略財務風險的盲點。

治理文化的支撐與深化

人際互動中的財務智慧，最終要落實於企業的治理文化與組織結構中。董事會與高階經營團隊應將「關係經營」與「財務治理」視為同等重要的企業價值，透過專業化治理，讓關係中的信任與互惠，與財務的科學與透明，形成相輔相成的經營文化。

同時，企業應持續投資於員工的財務與溝通力培訓，讓基層與中高階管理人員，都能在互動中，展現財務智慧，推動企業整體的長期發展。

人際互動，財務智慧的發揮舞臺

人際互動中的財務智慧，代表著企業在競爭與合作中，如何以誠信、專業與前瞻的思維，化人脈為財務競爭力。對臺灣企業而言，這樣的智慧，不僅是傳統文化的延續，更是邁向國際化與永續經營的必備能力。唯有在治理文化與專業化管理的支持下，企業才能在人際互動的舞臺上，持續展現財務的穩健與智慧，創造長期的經營價值與社會影響力。

第五章　關係的財務意涵：經營與人際網絡

第六章
勤勞與富裕的平衡：
智慧理財觀

第六章　勤勞與富裕的平衡：智慧理財觀

第一節　勤奮與財務智慧的結合

勤奮與財務智慧的時代意義

在臺灣的社會文化中，「勤奮」被視為成功的基石。許多企業家與中小企業主，皆以勤奮為核心價值，透過長時間的投入與持續努力，創造出豐碩的經營成果。然而，隨著市場競爭與國際化壓力加劇，僅有勤奮已難以支撐企業的永續發展。企業必須將「勤奮」與「財務智慧」結合，才能在多變的市場中，持續創造價值並鞏固競爭優勢。

財務智慧，指的是企業或經營者在資金運用、投資決策與風險管理上，展現出科學化與前瞻性的思考與實踐。這樣的智慧，不僅是理性計算的結果，更是對市場趨勢、產業環境與組織文化的深度理解與靈活應變。

勤奮的經營文化

臺灣企業，特別是中小企業與家族企業，長期以來深受「勤奮」價值觀影響。無論是工廠第一線的技術人員，還是企業主與管理階層，普遍秉持「多做、多學、多嘗試」的精神，將勤奮視為企業競爭力的根基。

這種勤奮文化，讓臺灣企業在產業快速變動與資源有限的情況下，展現出極強的應變力與韌性。然而，若過度強調「做」而缺乏對財務結構與風險的關注，企業容易在成長過程中忽略長期財務穩健，甚至陷入資金困境。

財務智慧的內涵與價值

財務智慧的本質,是在勤奮耕耘的同時,能以專業與科學的眼光,審視企業的資源運用與財務結構。具體而言,財務智慧展現在:

(1) 投資決策的審慎:勤奮帶來的營收與資本,需透過科學化的投資評估與風險管理,確保每一筆投入都能產生合理的回報。

(2) 現金流與風險控管:勤奮創造的現金流,必須與穩健的現金管理與風險預警機制結合,避免資金鏈斷裂。

(3) 長短期資金配置:透過財務智慧,企業能在長短期資金運用間取得平衡,兼顧靈活應變與長期競爭力。

勤奮與財務智慧的實務結合

在臺灣的產業實務中,勤奮與財務智慧的結合,已成為企業邁向永續經營的必備能力。例如:許多傳統產業的企業主,透過多年的勤奮經營,積累了可觀的資產與人脈;但若同時能運用財務智慧,透過財務規劃、投資評估與治理機制,將這些資源進行最佳化配置,就能在市場波動與產業轉型中,展現更強的競爭優勢。

相反地,若企業僅以「勤奮」作為經營信仰,卻忽略對財務結構與資本效率的思考,可能在擴張時資金週轉不靈,或在市場壓力下因風險分散不足而受到重創。

國際視野與本土經驗的結合

隨著國際市場的競爭加劇,國際企業普遍強調以數據驅動的財務決策與專業化治理。對臺灣企業而言,若能將本土的勤奮文化,與國際化

的財務智慧接軌，將能在國際供應鏈與跨國合作中，展現出更具韌性的競爭力。

例如：國際企業在資金運用與風險管理上，通常結合專業財務顧問與治理機制，將財務智慧視為企業核心競爭力的一部分。臺灣企業若能以勤奮文化為基礎，結合國際化的財務思維，將更能在國際市場中取得信任與機會。

建立財務智慧的企業文化

勤奮與財務智慧的結合，最終必須落實到企業文化的養成。企業治理結構應將財務管理視為企業經營的核心價值之一，董事會與經營團隊應鼓勵部門間的財務溝通與跨部門合作，讓財務智慧不只是財務部門的任務，而是企業整體競爭力的一部分。

同時，企業應持續培養員工對財務思維的理解，讓基層員工到高階主管都能在日常工作中，融入財務敏感度與風險評估的思考，讓企業在勤奮之外，更多了一分智慧的深度。

勤奮與財務智慧的相輔相成

勤奮與財務智慧，看似不同，實則相輔相成。對臺灣企業而言，唯有在勤奮的基礎上，持續深化財務思維與專業治理，才能在快速變化的市場中，持續創造價值，實現企業永續經營與社會責任的目標。這樣的結合，不僅是經營哲學的升級，更是企業面向國際與未來挑戰時，最堅實的競爭基礎。

第二節　勞動價值與財務價值的協同

勞動與財務：企業發展的雙重驅動力

在企業經營的全景中，勞動價值與財務價值被視為不可或缺的雙重驅動力。勞動價值，展現在每位員工與經營者的努力、投入與創造力上，是企業獲利與成長的基礎；財務價值，則是企業透過有效管理與智慧化配置，將勞動成果轉化為可持續的財務資本與市場競爭力。這兩者相互交織、相互促進，構成了企業永續經營的關鍵。

對臺灣企業而言，勞動價值與財務價值的協同更具深遠意義。臺灣中小企業與家族企業比例高，強調以人為本的經營文化；但在國際化與數位化浪潮下，若無法將勞動價值的積累有效轉化為財務智慧與資本優勢，將難以面對日益激烈的全球競爭。

勞動價值的內涵與展現

勞動價值指的是企業內部每位工作者，在其崗位上透過專業知識、技能與努力所創造的價值。它不只是薪資報酬的反映，更是企業文化、員工歸屬感與創新精神的展現。

臺灣企業普遍強調「吃苦耐勞」與「使命感」，許多企業透過彈性工時、內部創新競賽與職能培訓，強化勞動力的活力與韌性。這種勞動價值的深耕，讓臺灣企業在多變的市場中，展現出高度的適應力與生產效率。

第六章　勤勞與富裕的平衡：智慧理財觀

財務價值的創造與落實

　　財務價值則是企業將內部的勞動價值，透過有效的財務管理與資源分配，轉化為市場回報與永續競爭力的過程。它包含現金流的穩健性、投資報酬率的最大化、資本結構的優化與風險管理的科學化。

　　對企業而言，財務價值的創造並非一蹴可幾，而是要將勞動成果與市場機會緊密結合，形成能支撐企業長期發展的財務基礎。

勞動價值與財務價值的平衡與衝突

　　在實務操作中，勞動價值與財務價值雖彼此促進，但也可能產生短期的矛盾。例如：當企業過度壓縮人力成本以追求短期財務報表的亮麗，可能造成員工流動率增加、士氣下降，進而影響長期生產力與創新力；反之，若企業過度追求福利與人力投入，而缺乏財務規劃與成本控管，也可能造成現金流壓力與財務風險。

　　因此，企業必須在人力資源管理與財務管理間，找到兼顧效率與人本的平衡點，確保勞動價值與財務價值能在長期發展中協同前進。

臺灣企業的實務經驗

　　臺灣企業普遍具備強烈的勞動價值文化。許多企業主與經營者親力親為，以身作則，形成企業內部強大的向心力與文化認同。然而，隨著產業升級與國際市場壓力加劇，越來越多臺灣企業開始意識到，唯有將勞動價值與財務價值結合，才能在國際化浪潮中穩健立足。

　　例如：許多企業已從過往單純的生產型企業，轉型為研發與品牌導

向，將員工的創意與專業能力轉化為無形資產，並透過財務智慧轉化為市場價值與長期收益。

建立協同發展的治理文化

勞動與財務的協同，最終要落實在企業治理文化之中。董事會與高階經營團隊應該將人力資源策略與財務策略視為相輔相成的面向，並透過專業治理機制，強化跨部門的溝通與合作。

同時，企業文化中應強調「以人為本，財務為基」的理念，讓每位員工都能在工作中找到成就感，並在組織運作中，學習到財務思維與市場敏感度。這樣的文化，將使企業在競爭與合作的交鋒中，展現更大的彈性與韌性。

國際視野下的啟發

國際市場中的許多企業已經將勞動價值與財務價值的協同視為企業永續經營的基礎。例如：跨國科技公司不僅提供優渥的薪酬與彈性福利，也重視員工在財務結構中的角色與影響。透過股票分紅、獎勵機制與透明化治理，企業將勞動價值轉化為可量化的財務成果，形成強大的內部驅動力。

臺灣企業若能學習這些國際經驗，結合在地文化的勤奮精神與關係韌性，將能在人本與財務之間，創造更具競爭力的發展路徑。

第六章　勤勞與富裕的平衡：智慧理財觀

協同中的智慧與韌性

　　勞動價值與財務價值的協同，是企業能否在全球市場中穩健發展的關鍵。對臺灣企業而言，唯有在人際互動的溫度中，融入專業化的財務思維，並在治理文化中強化這種協同，才能在競爭激烈的環境中，持續創新與進步，實現企業的永續經營與社會責任承諾。

第三節　財務規劃中的彈性與穩健

財務規劃的雙重目標

在企業經營中，財務規劃是企業能否穩健成長的基礎。它不僅是對資金運用與配置的藍圖，更是企業策略目標與市場環境連結的橋梁。面對全球市場的快速變動與產業轉型壓力，企業的財務規劃必須同時兼顧「彈性」與「穩健」兩大目標。

彈性意味著企業具備應對市場不確定性的能力，能在資金運作與決策調整上迅速反應；穩健則是財務規劃能在長期經營中，維持財務結構的穩定與風險可控。兩者相輔相成，缺一不可。

彈性的財務規劃

財務彈性，是企業在面對外部衝擊與市場波動時，能夠迅速調整資金運用與融資結構，保持經營運作不中斷的能力。對臺灣企業而言，尤其是中小型企業，財務彈性常常決定企業能否在競爭壓力下生存與成長。

具體而言，財務彈性展現在以下幾方面：

- 多元化資金來源：不依賴單一融資管道，透過銀行貸款、供應鏈融資、政府補助與合作夥伴投資等多元管道，分散風險。
- 資產配置的靈活性：結合長短期資產配置策略，保有現金流的流動性與應變能力。
- 投資與支出彈性：在投資決策上，預留調整空間，避免一次性大額投入造成資金壓力。

穩健的財務基礎

相對於彈性，財務穩健強調的是企業在成長過程中，避免盲目擴張或過度舉債，維持資本結構的安全與經營的可持續性。對臺灣企業而言，穩健的財務規劃是長期經營的核心。

穩健展現在：

- 嚴謹的風險評估機制：不僅考量投資報酬率，更重視潛在風險與現金流承受能力。
- 資本結構優化：合理搭配自有資本與外部融資，控制負債比率與償債能力。
- 治理與透明化：透過專業治理機制與資訊揭露，強化市場信任與合作夥伴支持。

彈性與穩健的平衡

在財務規劃中，彈性與穩健看似矛盾，實則是相輔相成的關係。過度強調彈性，可能導致資金運用短視近利，忽略長期發展的穩健基礎；過度追求穩健，則可能因應變能力不足而錯失市場機會。

企業在財務規劃中，應該透過以下策略達到平衡：

- 動態財務規劃：將財務規劃視為動態調整的過程，定期檢視市場變化與內部需求，滾動式修正預算與資金配置。
- 彈性預算與風險緩衝：在預算編制中，預留彈性空間與應急資金池，應對市場不確定性。
- 多層級溝通與合作：董事會、財務部門與業務單位間的協調與共識，確保每項財務決策能兼顧穩健與彈性。

臺灣企業的實務經驗

臺灣企業,特別是中小企業,長期以來以靈活應變與勤奮經營著稱。許多企業能在市場動盪時,透過人脈與彈性財務策略,迅速調整營運模式。然而,臺灣企業也面臨治理結構尚未完善與資訊透明度不足的挑戰,若缺乏穩健的財務規劃,將可能在擴張過程中埋下風險隱憂。

在實務中,越來越多臺灣企業開始引進專業財務人才與顧問,強化預算編制與風險評估,並結合家族經營的關係優勢與專業治理,讓財務決策能更具韌性與科學化。

國際化趨勢與啟示

國際市場上的財務管理,普遍強調以數據與風險管理為基礎,結合治理結構與財務透明度,達到彈性與穩健的雙重目標。跨國企業透過 ERP 系統與智慧化財務平臺,實現即時監控與多市場資金調度,為臺灣企業提供寶貴的借鏡。

臺灣企業若能在全球化與 ESG 治理趨勢下,結合本土經驗與國際視野,將能在資金配置與市場競爭中,發揮更強的韌性與永續發展力。

財務平衡,企業永續的智慧

財務規劃中的彈性與穩健,是企業穩健經營與創新發展的智慧展現。對臺灣企業而言,唯有在治理文化與財務思維的支持下,持續調整與優化財務策略,才能在多變的市場環境中穩健前行,實現長期發展與國際競爭力的目標。

第六章　勤勞與富裕的平衡：智慧理財觀

第四節　理財行為與企業發展策略

理財行為的本質與內涵

理財行為，是指企業或經營者在面對收入、支出、投資與儲蓄等財務決策時，所展現出的態度、思維與行動方式。它不僅是個人或家庭層次的金錢管理，更是企業整體經營策略的重要一環。

對企業而言，理財行為展現了經營者的價值觀與風險偏好，直接影響到資金配置、投資布局與風險承擔能力。良好的理財行為，意味著企業能在市場波動與機遇中，靈活調度資金、穩健成長，實現企業的永續經營目標。

臺灣企業的理財行為特質

臺灣企業長期以來具備靈活應變與謹慎經營的特色。許多中小企業與家族企業，透過勤奮經營與人際網絡的信任，建立起穩健的財務基礎。然而，在理財行為上，臺灣企業也展現出一些獨特的面向與挑戰：

- 重視儲蓄與風險意識：多數企業主習慣留有安全儲備金，強化現金流彈性，以面對市場景氣波動。
- 偏向保守的投資思維：許多企業在面對新投資機會時，傾向謹慎評估，避免因短期誘因而過度擴張。
- 家族文化影響：在家族企業中，經營決策往往與家族利益緊密相連，影響理財決策的專業化與治理機制。

這些特質讓臺灣企業在面對危機時，展現出強大的韌性；但也可能限制了企業在市場轉型與國際化布局時，對投資機會的敏銳度與彈性。

理財行為與企業發展策略的互動

企業發展策略，通常涵蓋市場布局、產品創新、國際化擴張與人才培育等面向。這些策略的推進，無不依賴理財行為的支撐。企業若能以智慧的理財行為，作為發展策略的後盾，將能在競爭激烈的市場中，找到持續成長的路徑。

舉例而言：

- 市場布局與資金彈性：當企業有穩健的理財習慣，便能在市場需求變動時，快速調動資金，抓住新市場的機會。
- 研發創新與財務耐受力：理財行為中，若重視長期投資與風險管理，將有助於企業投入創新，承擔初期報酬不明確的挑戰。
- 國際化發展與資本結構：透過財務規劃與多元化融資管道的靈活應用，企業能在進軍國際市場時，降低外部融資壓力，提升談判力。

財務治理中的理財智慧

企業理財行為的智慧，展現在財務治理的專業化與透明化。隨著國際市場對企業 ESG（環境、社會與治理）要求日益嚴格，財務治理不再只是內部管理，更是對外展示企業誠信與競爭力的關鍵。

在臺灣，越來越多企業透過聘任專業財務長（CFO）、導入智慧化財務系統（ERP）與定期進行財務績效評估，強化理財決策的科學化與市場導向。這種轉型不僅提升了資金運用效率，也讓企業在與國際合作夥伴互動時，更具信任度與議價優勢。

理財行為與企業文化的結合

理財行為不只是財務部門的專業能力,也深深植根於企業文化與價值觀中。當企業文化重視節約、謹慎與創新,理財行為自然會展現在日常經營決策中,成為支持企業發展策略的隱形力量。

臺灣企業應鼓勵從基層員工到高階經理人,都具備基本的財務思維與理財素養,讓理財行為成為企業文化的一部分,推動組織整體的永續競爭力。

國際趨勢與臺灣企業的啟發

在國際市場上,理財行為與企業發展策略的協同已成為企業韌性與創新的核心。例如:跨國科技公司透過風險投資與跨產業合作,創造了新的營收來源與長期競爭力;同時,強調資訊透明與財務合規,取得國際市場的信任。

臺灣企業若能借鏡國際經驗,結合本土的靈活經營與勤奮文化,將在理財行為與發展策略間,找到兼顧風險與成長的最佳平衡。

理財智慧 —— 企業發展的穩健基礎

理財行為與企業發展策略的協同,是企業能否在多變市場中,長期穩健發展的關鍵。對臺灣企業而言,唯有在專業治理與文化價值的支持下,讓理財智慧深植於日常決策,才能在全球市場中持續前行,實現永續發展與社會責任的目標。

第六節　節流與增值的平衡策略

節流與增值的雙重目標

企業在經營管理中，經常面臨資源有限與市場競爭激烈的挑戰。如何在有限的資源下，實現最大的經濟效益，成為企業持續成長與永續發展的關鍵。這其中，「節流」與「增值」是兩個看似對立，實則相輔相成的財務管理策略。

節流，指的是企業在日常經營與生產過程中，透過成本管控、效率優化與浪費減少，維持現金流穩定與資金安全；增值，則是企業透過創新、投資與市場開發，持續創造營收成長與長期價值。兩者的平衡，構成企業穩健經營的財務基石。

臺灣企業的節流經驗

臺灣企業長期以來以勤奮與節約著稱。無論是傳統產業還是新興科技業，節流文化深深植根於臺灣企業的治理思維。例如：許多中小企業透過嚴格的成本控管與靈活的人力運用，維持高效率的生產體系；家族企業也常以嚴謹的內部管理與資源再利用，達到現金流安全的目標。

這種節流精神，讓臺灣企業在面對市場不景氣或全球供應鏈波動時，展現出強大的韌性與抗壓力。然而，若過度強調節流而忽略增值，企業可能陷入「守成」而非「創新」的窠臼，喪失市場競爭力。

第六章　勤勞與富裕的平衡：智慧理財觀

增值策略的重要性

　　增值，是企業在財務與經營面向上，追求長期發展與市場突破的核心策略。增值不僅僅是營收成長，更包含品牌價值的提升、技術優勢的建立與客戶忠誠度的強化。

　　具體而言，增值策略包括：

- 產品與服務創新：透過研發投入與差異化設計，開創新的市場需求與價值空間。
- 市場多元化：不局限於單一市場，開發國際與新興市場，分散市場風險。
- 無形資產投資：強化品牌、專利與數位化能力，累積企業的長期無形價值。

節流與增值的平衡關鍵

　　節流與增值，並非互斥，而是必須在企業財務規劃與經營決策中達到動態平衡。企業可透過以下策略，實現節流與增值的協調發展：

- 優化預算編制：將節流納入日常預算管控，同時在策略性投資上，保持必要的彈性與創新空間。
- 成本效益評估：不僅看短期成本壓力，更應評估投資的長期報酬與對企業競爭力的貢獻。
- 跨部門合作：讓生產、研發、財務與市場部門能共同制定平衡策略，避免部門間目標衝突。

財務治理在平衡中的角色

　　財務治理機制,是企業能否在節流與增值間找到最佳平衡的關鍵。良好的治理文化,能確保投資決策的科學化與成本控管的嚴謹性。董事會應定期檢視重大投資案的報酬率與風險,確保資金運用符合企業長期願景與財務結構。

　　同時,透明化的財務報告與績效檢討,能讓企業在資源分配與效率追求中,保持理性的決策環境,避免短期化或情緒化的財務行為。

臺灣企業的轉型與國際視野

　　面對全球供應鏈重組與市場多變,越來越多臺灣企業意識到,單靠節流無法應對國際化與數位化挑戰。透過智慧化管理、產業升級與品牌國際化,臺灣企業正逐步從「節流型」轉向「增值型」經營模式。

　　例如:製造業者積極導入智慧製造技術,不僅減少生產浪費,更強化了產品附加價值與市場競爭力。服務業者則透過數位化平臺,提升客戶體驗與品牌影響力,創造新的增值空間。

國際經驗的啟發

　　國際企業普遍將節流視為企業體質優化的基礎,但更重視增值作為企業永續發展的動力。透過 ESG 思維與智慧財務分析,國際企業在節流與增值中取得動態平衡,兼顧獲利與社會責任。

　　臺灣企業若能借鏡國際經驗,結合本土勤奮文化與靈活經營特色,將能在人本與財務智慧間,找到企業長期成長的最佳路徑。

第六章　勤勞與富裕的平衡：智慧理財觀

平衡中的創新與穩健

　　節流與增值的平衡，象徵著企業在傳統與創新、穩健與彈性間的動態智慧。對臺灣企業而言，唯有在專業治理與文化價值的引領下，讓節流成為企業韌性的基礎，讓增值成為企業成長的動能，才能在全球市場的挑戰中，持續茁壯，實現永續經營與社會責任的承諾。

第七節　財務獨立與企業經營的相互影響

財務獨立的核心概念

財務獨立在企業經營中，指的是企業能夠不依賴外部資金或特定合作夥伴的控制，具備自主掌控資金運用與經營決策的能力。這不僅是企業財務健康的展現，更是企業能否長期穩健經營、抓住市場機會與實現創新的基礎。

對臺灣企業而言，尤其是中小型與家族企業，財務獨立常被視為企業精神與治理文化的象徵。許多企業主強調「不欠債」、「不被人綁架」的經營理念，展現出對企業自主性的高度重視。

財務獨立對企業經營的正面助力

財務獨立帶來的最大優勢，在於企業能夠在策略規劃與經營決策上，保有彈性與主導權。具體來說，財務獨立對企業經營的正面助力包括：

1. 決策自主性

不受外部資本與利益的干擾，企業能專注於長期發展目標，避免短期化與機會主義的決策壓力。

2. 風險承擔彈性

擁有自主資金來源，讓企業在面對市場波動或危機時，能更靈活調整營運與投資策略。

3. 品牌與信譽強化

財務獨立意味著企業治理的穩健與誠信，有助於在市場中建立更高的信任度與品牌價值。

財務獨立的挑戰與限制

然而，財務獨立並不代表與外部資源的完全隔絕。特別是在全球化與國際化競爭下，企業若過度追求「自給自足」，可能在成長與轉型過程中，錯失外部資本與策略合作帶來的機會。

例如：許多臺灣企業在國際市場拓展時，若僅依靠內部資本，可能無法支應龐大的市場開發與技術投資需求，錯失先機；又或者，過度強調獨立，可能讓企業在面對供應鏈重組與產業整合時，缺乏策略夥伴的支持。

財務獨立與外部合作的平衡

因此，企業在追求財務獨立的同時，也必須意識到外部合作與資本運作的重要性。這種平衡關係，展現在：

1. 自主與合作的互補

財務獨立是企業內部穩健的基礎，外部合作則是擴張與創新的動能。兩者結合，能讓企業在不同發展階段找到最適合的成長模式。

2. 財務彈性與風險分散

適度引入外部資金與策略夥伴，能降低單一市場或產品風險，強化資金調度彈性。

3. 治理專業化與透明度

外部合作與資金引入，往往需要更高的財務透明度與治理結構，促使企業在成長中同步提升管理專業化。

臺灣企業的實務經驗

臺灣中小企業在財務獨立與外部合作的平衡上，累積了豐富的實務經驗。許多企業在早期成長階段，仰賴家族與內部資金，建立穩健的財務基礎；當規模成長與國際化壓力浮現，逐步引入外部股權投資與策略聯盟，創造更大的發展空間。

例如：傳統製造業者在面對智慧化轉型時，結合內部累積的現金流與外部技術合作，實現「穩中求變」的升級策略；新創企業則透過天使投資人或創投基金的支持，突破初期資金與市場限制，加速國際化布局。

國際經驗與啟發

國際企業普遍將財務獨立視為企業韌性的基礎，但更重視與外部資本市場的合作。跨國企業透過公開市場融資與股權合作，平衡內部穩健與外部資源的優勢。這種靈活而專業的財務治理，成為企業國際化與永續發展的重要支撐。

臺灣企業若能結合這種國際經驗，搭配本土的勤奮精神與靈活經營，將能在人本與財務智慧中，找到企業永續發展的最佳路徑。

第六章　勤勞與富裕的平衡：智慧理財觀

財務獨立 —— 穩健經營的基石，合作開放的舞臺

　　財務獨立是企業穩健經營的基石，是企業面對危機時的安全網；而外部合作與開放思維，則是企業在成長與轉型中的突破口。對臺灣企業而言，唯有在專業治理與透明化的支持下，將財務獨立與外部合作智慧結合，才能在人際互動與市場競爭的雙重挑戰中，實現長期成長與國際競爭力的目標。

第八節　永續富裕的財務思維

永續富裕的核心理念

在企業與個人財務經營的實務中,「富裕」已不再僅僅是短期財富的累積,而是如何在長期的經濟活動中,實現穩健發展、社會責任與財務安全的和諧統一。所謂「永續富裕」,強調的是財務思維與經營哲學的轉型:從只關注當前的盈餘與報酬,擴展到兼顧社會影響、環境責任與未來機會的財務藍圖。

對臺灣企業而言,特別是在中小企業家族文化與國際化轉型的交會點,永續富裕的財務思維是企業能否實現長期競爭力的關鍵。它意味著企業主不僅要勤奮與專注,還要結合財務治理與創新投資,創造穩健與靈活兼具的資產結構。

永續富裕的財務原則

永續富裕的財務思維,並非抽象的理想,而是可以落實於財務決策與日常經營中的原則,包括:

1. 穩健的風險控管

在投資與融資決策中,納入風險評估與情境分析,避免因短期報酬誘惑而忽略潛在的財務衝擊。

2. 靈活的資金運用

結合現金流的安全性與投資報酬的可持續性,讓資金配置能隨市場變化與產業需求,保持彈性與適應力。

3. 長期視野與創新精神

將投資眼光放在能夠持續創造價值的專案與領域，培養面對新興趨勢與科技變化的財務敏感度。

4. 資訊透明與誠信治理

在財務報告與管理中，確保資訊的透明度與真實性，強化市場與合作夥伴對企業的信任。

臺灣企業的實務挑戰與調適

在臺灣的企業經營實務中，永續富裕的財務思維仍面臨多重挑戰。例如：中小企業在成長初期往往資金取得管道有限，財務策略偏向短期現金流的穩定與成本控管；而家族企業中，家族與企業的邊界模糊，也可能讓財務決策偏向「守成」或缺乏彈性。

面對國際市場與科技創新的加速變化，臺灣企業若無法在穩健與成長間取得平衡，將難以實現「永續富裕」的目標。因此，越來越多企業意識到，必須透過專業化治理與跨界合作，才能突破傳統理財模式的局限。

國際視野下的財務啟示

在國際市場上，許多企業早已將永續富裕的財務思維，融入企業治理與策略發展。例如：歐美的企業普遍強調 ESG（環境、社會與治理）目標在財務決策中的地位，將企業的社會責任與財務報酬視為相輔相成。

跨國企業透過永續投資（Sustainable Investing）、綠色融資與智慧化資產配置，強化企業的社會影響力與市場競爭力。這些經驗為臺灣企業

提供了重要啟示：唯有將永續目標納入財務治理，才能在國際市場中，取得長期合作與信任。

建立永續富裕的企業文化

永續富裕的財務思維，最終要落實到企業文化與治理結構中。董事會與高階管理團隊應以此為共同願景，將永續與財務安全作為企業決策的雙重核心。同時，企業應培養員工從基層到高階，具備基本的永續財務素養，讓理財行為與永續理念成為企業內部的文化共識。

此外，資訊透明化與跨部門溝通，也是企業落實永續財務思維的重要基礎。透過智慧化資料分析與即時報告機制，企業能夠更精準地掌握資金運用與風險動態，及時調整策略。

臺灣企業的發展契機

臺灣企業正處於產業升級與國際化的轉型關鍵期。若能結合在地的勤奮文化與國際化的財務智慧，並在人本精神與風險管理間取得平衡，將能開創新的市場機會，實現真正的「永續富裕」。

例如：製造業者可透過節能減碳投資，結合政府的綠色補助與國際永續標準，提升品牌的國際能見度；服務業者則可透過數位轉型與社會影響力導向，創造新的商業模式與財務價值。

第六章　勤勞與富裕的平衡：智慧理財觀

財務智慧中的永續願景

　　永續富裕不只是企業的財務目標，更是對社會與未來的承諾。對臺灣企業而言，唯有在誠信治理與專業財務規劃的支持下，持續深化永續財務思維，才能在人際互動與市場挑戰中，展現更強的韌性與競爭力，實現企業的長期成長與社會責任目標。

第七章
利潤背後的真相：揭開會計與管理的面紗

第七章　利潤背後的真相：揭開會計與管理的面紗

第一節　會計報表的真實性與限制

會計報表的基礎與功能

在企業經營管理中，會計報表被視為財務健康與經營績效的最直接呈現。它透過系統化的數字，將企業的營運成果、資金運用與風險結構，轉化為可供決策者與利益關係人理解的財務語言。無論是資產負債表、損益表還是現金流量表，會計報表的編制與揭露，都是企業治理與財務決策的重要基礎。

臺灣企業在面對國際化與數位化浪潮時，會計報表的真實性與透明度，更是取得市場信任與國際合作的關鍵。隨著國際財務報導準則（IFRS）的普及，企業在會計資訊的揭露與使用上，面臨更高的專業要求與挑戰。

會計報表的真實性意義

所謂會計報表的真實性，指的是報表數據應如實反映企業的財務狀況與營運成果，讓內外部使用者都能據以作出合理決策。這種真實性不僅是技術層面的正確性，更涉及企業誠信與治理文化的表現。

具體來說，會計報表的真實性包含以下層面：

(1) 準確的數據紀錄：確保每筆交易都能真實記載於帳簿中，避免遺漏與誤報。

(2) 合理的估計與判斷：對於折舊、壞帳與存貨跌價等項目，應以合理的會計估計與專業判斷，避免粉飾或隱匿。

(3) 合規的揭露與報告：依據國際或本地會計準則，完整揭露財務資訊，讓報表使用者能充分了解企業狀況。

會計報表的限制與挑戰

儘管會計報表在反映企業經營狀態上扮演關鍵角色,但它仍然存在不可避免的限制與挑戰。

首先,會計報表無法完全反映企業的無形資產與成長潛力。例如:品牌價值、創新能力與社會信任,往往難以以數字方式呈現,但卻是企業長期競爭力的重要來源。

其次,會計報表中,許多項目都涉及會計估計與主觀判斷。例如:壞帳準備、存貨跌價損失等,都可能受到管理階層的預期與判斷影響,難以完全客觀呈現。

再者,會計報表通常是「過去式」的紀錄,無法即時反映企業面臨的市場動態與即將出現的風險。企業若僅依賴報表進行決策,可能忽略外部環境變化對財務結構的即時影響。

臺灣企業的會計報表實務

臺灣企業普遍重視會計報表的編制與揭露。特別是中小企業在銀行融資與產業合作時,會計報表是取得信任與資金的重要門檻。然而,許多中小企業在會計制度的導入與內部控制上,仍存在不足。例如:部分企業在成本核算與現金流量管理上,缺乏即時的監控與彈性分析,影響報表的真實性與決策效益。

隨著企業面臨國際合作與 ESG 治理壓力,臺灣企業已逐步重視會計報表的透明化與專業化。引進專業會計師與智慧化財務管理工具,已成為提升會計報表真實性的重要途徑。

國際視野下的啟示

在國際市場中，會計報表被視為企業能否取得信任與合作的門票。許多跨國企業將會計報表透明化視為品牌的一部分，透過國際審計與資訊揭露，展現治理結構的專業與誠信。

臺灣企業若能借鏡國際經驗，結合本土的靈活經營文化與國際化的會計準則，將能在人際互動與市場拓展上，取得更多發展機會。

企業治理中的會計透明化

會計報表的真實性，最終要落實於企業治理文化與組織結構中。董事會與高階經理人應將會計資訊的透明化，視為企業治理的核心指標。透過制度化的內部審核與外部查核，強化會計資訊的真實性與完整性。

同時，企業應推動跨部門合作，讓會計報表不僅是財務部門的任務，更是整個組織決策的共同語言，形成跨部門的合作與信任文化。

真實性與限制的平衡

會計報表的真實性，是企業經營的穩健基礎；而其限制，則提醒我們在使用財務資訊時，必須結合專業判斷與市場敏感度。對臺灣企業而言，唯有在治理文化與專業能力的支持下，持續深化會計透明化，才能在國際市場與在地市場中，展現永續經營與社會責任的承諾。

第二節　財務資料的詮釋與應用

財務資料的多重意義

在企業經營管理的脈絡中，財務資料不只是冷冰冰的數字，它蘊含了企業經營決策的邏輯與市場互動的密碼。從會計報表到財務分析指標，財務資料是企業進行資源分配、投資決策與風險管理的核心工具。

對臺灣企業而言，財務資料更是企業與銀行、投資人及合作夥伴溝通的重要語言。唯有善用財務資料，才能在瞬息萬變的市場中，做出正確的判斷與決策，實現企業的長期發展與永續經營。

財務資料的詮釋力：不只是閱讀，更是理解

財務資料的價值，不在於單純的閱讀或呈現，而在於背後的詮釋與洞察。舉例而言，損益表中的毛利率數字，反映的不僅是產品銷售與成本結構，還隱含了市場競爭力與產品定位的策略選擇；資產負債表的結構，則揭示了企業資金運作的穩健性與槓桿風險。

這種詮釋力，要求企業經營者與財務管理者具備多維度的思考能力，結合內部營運資訊與外部市場動態，從數字中看見背後的經營意涵與未來發展路徑。

臺灣企業的應用現狀與挑戰

臺灣企業普遍具備高度的營運彈性與應變能力，但在財務資料的系統化管理與專業化詮釋上，仍面臨挑戰。許多中小企業在面對財務報表時，

第七章　利潤背後的真相：揭開會計與管理的面紗

習慣性地專注於營收與獲利，卻忽略了如應收帳款週轉率、現金流量與負債比率等指標，這些指標往往對資金安全與經營韌性更具關鍵性。

此外，臺灣企業在與國際客戶或金融機構洽談合作時，若無法透過財務資料清楚展現企業實力與策略優勢，可能喪失信任基礎與市場機會。

財務資料應用的四大核心面向

企業若要真正發揮財務資料的價值，應從以下四大面向著手：

(1) 經營決策的依據：將財務資料作為策略規劃與投資評估的基礎，結合市場資訊與競爭環境，形成綜合性的決策支持系統。

(2) 績效管理的工具：利用財務指標追蹤各部門與產品線的營運績效，找出優化空間與改善方向。

(3) 風險管理的預警：透過資金流量分析與財務結構評估，及早掌握潛在風險與經營壓力，建立應對策略。

(4) 對外溝通的語言：以透明化與系統化的財務資料，強化與投資人、合作夥伴的溝通，建立信任與支持。

財務資料詮釋的專業能力

要有效運用財務資料，企業需要培養具備跨部門視野與專業財務素養的人才。這不僅是財務部門的工作，更應成為經營決策層與業務團隊的基本能力。

臺灣企業近年來積極引進 ERP 系統與智慧化財務管理平臺，透過數位工具強化財務資料的即時性與透明度。然而，工具只是輔助，唯有具備專業判斷力與市場敏感度的經營團隊，才能真正將財務資料轉化為競爭優勢。

第二節　財務資料的詮釋與應用

國際視野下的啟示

在國際市場上，企業普遍將財務資料視為企業治理與市場溝通的核心資產。跨國企業不僅重視財務資料的真實性，更強調資料的「解讀力」與「說故事」能力。企業若能將財務資料轉化為清晰且有說服力的市場敘事，將更能在國際合作與市場拓展中取得主動權。

臺灣企業在面對國際市場時，若能結合專業化的財務分析與在地的經營智慧，將有機會在人際互動與市場合作中，展現更高的信任度與市場地位。

財務資料詮釋與治理文化的結合

財務資料的詮釋與應用，最終要落實於企業治理與文化之中。董事會與高階經理人應將財務資料的解讀力，視為企業永續經營的核心能力之一。建立跨部門的合作平臺與財務決策的透明化機制，能讓財務資料不只是數字報告，更是企業內部與外部溝通的橋梁。

同時，企業應強化員工對財務指標的基本認識，讓財務敏感度成為全員共識，形塑以數據與專業為本的決策文化。

詮釋力中的智慧與價值

財務資料的真正價值，來自於其背後的詮釋與應用。對臺灣企業而言，唯有在專業化治理與資訊透明的支持下，持續培養財務資料的洞察力與決策力，才能在多變的市場中，保持穩健與創新，實現企業的長期成長與社會責任目標。

第三節　利潤與企業經營績效的連結

利潤的多重意涵

　　利潤，長期以來被視為企業經營成果的具體展現，也是投資人與管理階層最為關注的指標之一。它不僅反映了企業在市場中的競爭力，也揭示了企業資源分配與策略執行的效果。對臺灣企業而言，利潤的穩健與成長，意味著企業能在市場波動與全球競爭中，持續維持經營活力與市場地位。

　　然而，利潤不只是財務報表中的數字，更是企業經營績效的綜合呈現。唯有透過專業化的分析與多角度的詮釋，才能真正理解利潤背後所蘊含的經營策略與治理智慧。

企業經營績效的多面向評估

　　企業經營績效不應僅以利潤為唯一標準。現代企業管理強調「多面向績效評估」，將財務指標與非財務指標結合，形成更全面的評價體系。例如：企業在創新能力、市場占有率、顧客滿意度與社會責任等層面上的表現，都與長期的經營績效密不可分。

　　對臺灣企業而言，傳統上多重視短期利潤的表現，但隨著國際市場壓力與 ESG（環境、社會與治理）治理趨勢，越來越多企業開始重視如何在追求獲利的同時，實現永續發展與社會責任目標。

利潤與經營績效的協同關係

利潤，作為經營績效的一部分，扮演著資金積累與再投資的關鍵角色。穩健的利潤表現，能為企業提供更多資金彈性，投入研發、拓展市場與強化治理結構。然而，企業若過度追求短期利潤，忽略長期經營績效的整體協調，反而可能犧牲企業的永續發展力。

具體而言，利潤與經營績效的協同關係，展現在以下面向：

- 資金供給的基礎：利潤為企業再投資與風險應對提供基礎，支持長期發展策略。
- 品牌與市場信任：穩健的獲利能力，有助於企業在市場中建立良好的品牌形象與外部信任。
- 策略執行的成果驗證：利潤的持續成長，意味著企業策略與市場應對的正向循環。

臺灣企業的經驗與挑戰

臺灣企業普遍強調「穩健獲利」與「量入為出」的經營哲學。許多中小企業在面對市場競爭時，寧願降低短期投資或擴張速度，先確保財務結構的穩定與現金流的安全。然而，這樣的穩健思維也可能帶來挑戰：若忽略長期創新與市場布局，將限制企業在國際化與數位轉型中的競爭力。

例如：部分製造業者長期專注於維持傳統市場的利潤穩定，但未積極投入高附加價值產品研發與國際品牌建設，造成長期成長動能不足的隱憂。

第七章　利潤背後的真相：揭開會計與管理的面紗

利潤品質與可持續性

在衡量企業經營績效時，單純的利潤數字往往不足以反映企業的經營健康度。企業必須關注利潤的品質與可持續性，包括：

- 利潤來源的多元化：是否過度依賴單一市場或產品，導致利潤波動風險。
- 成本結構與效率：是否透過有效率的營運模式，創造穩健的毛利與淨利空間。
- 投資報酬與資產運用：是否能將利潤投入高效益的再投資計畫，避免資金閒置與浪費。

透過這些面向的檢視，企業能更清晰掌握利潤背後的經營績效，形成更具策略性的決策基礎。

國際市場的啟示

國際企業普遍強調利潤與經營績效的平衡關係。跨國企業透過多角化布局與數位化創新，確保利潤來源的多元性與可持續性。同時，透過嚴謹的財務治理與透明化報告，強化外部投資人與市場的信任，為企業創造長期穩健的成長基礎。

臺灣企業若能借鏡國際經驗，結合在地的靈活經營與誠信文化，將能在人本精神與專業治理中，找到利潤與經營績效的最佳平衡。

利潤的真相，經營的智慧

利潤，既是經營的目標，也是檢驗經營智慧的試金石。對臺灣企業而言，唯有在治理專業化與財務透明化的支持下，將短期獲利與長期發展結合，才能在人際互動與市場挑戰中，展現更高的競爭力與韌性，實現企業的長期成長與社會責任目標。

第七章　利潤背後的真相：揭開會計與管理的面紗

第四節　會計資訊的管理工具意義

會計資訊：不只是財務紀錄

會計資訊，長期以來被視為企業經營的「後臺資料」，負責呈現財務狀態與交易紀錄。然而，在現代企業治理與管理思維的轉型下，會計資訊不再只是被動的數字紀錄，而是企業管理與決策的核心工具。

對臺灣企業而言，尤其是中小型企業與家族企業，如何從「記帳」轉向「決策支援」，將會計資訊作為管理工具，是從穩健經營走向永續發展的重要關鍵。

會計資訊的管理工具功能

會計資訊作為管理工具，具體展現在以下幾個層面：

1. 經營績效的評估

會計報表提供企業經營成果與資源運用的真實面貌。透過財務比率與趨勢分析，經營者能即時掌握營運效率與成本結構，找出經營優勢與弱點。

2. 決策的依據

無論是投資新市場、購置設備還是拓展產能，會計資訊中的資本結構、現金流與利潤結構，都是決策的重要依據。合理運用會計資訊，能協助企業降低投資風險與錯誤決策的可能。

3. 風險管理與內部控制

會計資訊揭示的不僅是「現在」的經營狀態，更是未來風險的預警工具。透過定期財務分析，企業能及早發現資金缺口或市場衝擊，採取相應的內部控制與風險管理措施。

4. 溝通與信任的橋梁

在與銀行、投資人或合作夥伴互動時，透明化與專業化的會計資訊，展現企業治理的誠信與專業，為合作打下堅實基礎。

臺灣企業的轉型與挑戰

臺灣企業在會計資訊應用的實務中，展現出兩種典型樣貌。一方面，許多企業仍將會計視為單純的記帳或報稅工具，忽略其管理價值。另一方面，隨著國際化與科技化的壓力增強，越來越多企業意識到會計資訊是支持經營決策的關鍵資產，開始導入 ERP 系統與智慧化財務管理工具。

然而，挑戰依舊存在。部分中小企業受限於財務人才不足或管理層財務敏感度不高，無法充分發揮會計資訊在經營管理中的潛力。此外，傳統家族企業的封閉式決策模式，也可能限制會計資訊的公開性與即時性，影響決策品質。

國際化視野下的會計應用

在國際市場上，會計資訊被視為企業治理與市場溝通的核心工具。跨國企業透過會計資訊的透明化與即時化，不僅強化內部管理，更強化了外部投資人與市場的信任基礎。

例如：歐美企業普遍透過財務報告與管理會計的結合，推動資源分配的精細化與營運效率的提升。會計資訊在這樣的治理文化中，成為支持企業永續競爭力的基礎。

臺灣企業若能借鏡國際企業的管理思維，將會計資訊從單一部門的「數字文件」，轉變為全組織共用的「決策地圖」，將能在國際化與數位化競爭中，展現更強的韌性與適應力。

強化會計資訊管理工具化的策略

為了讓會計資訊真正發揮管理工具的意義，企業可從以下策略著手：

(1)培養全員財務敏感度：透過內部教育訓練，讓各部門了解會計資訊的價值與應用，推動跨部門合作。

(2)資訊化與即時化：導入智慧化財務管理系統（如 ERP 或 BI 工具），強化資訊的整合與即時更新。

(3)治理結構的專業化：董事會與管理團隊應強化會計資訊的監督與使用，確保資訊的真實性與策略導向。

會計資訊與永續經營的連結

會計資訊作為管理工具，不只是追求短期的獲利最大化，更是企業長期發展與社會責任的基礎。透明且負責任的財務揭露，是企業在全球供應鏈與 ESG 評比中的競爭優勢。臺灣企業在邁向永續發展的路上，唯有將會計資訊視為治理工具，才能在人際互動與市場競爭中，展現誠信與專業，實現長期競爭力與社會影響力的雙贏。

管理智慧的數字基礎

　　會計資訊，既是企業經營的「數字」地圖，也是管理智慧的基礎。對臺灣企業而言，從會計資訊的真實與透明出發，發揮其作為管理工具的價值，才能在市場動盪與轉型壓力中，保持穩健、持續進步，實現企業的永續經營與社會責任承諾。

第五節　財務管理與誠信經營的連結

誠信經營的基礎價值

　　誠信經營，是企業能否長期穩健發展與獲得市場認可的根本。它不只是企業文化的一部分，更是企業在面對外部市場與內部治理時，展現專業與責任的具體行動。對臺灣企業而言，誠信經營的核心價值展現在企業與供應商、合作夥伴、金融機構甚至政府部門的互動中，成為建立長期信任與商譽的關鍵。

　　然而，誠信經營不只停留在「口號」或「價值宣示」，它必須落實在企業的財務管理與日常營運決策中，才能真正成為企業治理的核心競爭力。

財務管理：誠信經營的實踐工具

　　財務管理，作為企業資源分配與經營監控的核心機制，天然地與誠信經營緊密結合。具體而言，誠信經營在財務管理中，主要展現在以下面向：

1. 透明化的財務資訊

　　誠實揭露企業的財務狀況，讓投資人、合作夥伴與社會各界，能夠公平地評估企業的實力與風險。

2. 合規與道德的決策原則

　　在投資與融資、財務調度等決策中，嚴格遵循法律規範與倫理標準，避免粉飾報表或不當操作，確保財務行為的正當性。

3. 風險意識與負責任態度

將誠信視為風險管理的一部分，拒絕高風險、短視近利的操作，確保企業的長期發展與社會信任。

臺灣企業的實務經驗與文化挑戰

在臺灣，許多中小企業與家族企業在經營初期，憑藉誠信與務實態度，成功奠定市場基礎。然而，隨著企業成長與國際化壓力加劇，部分企業在面對外部競爭時，可能因短期業績壓力或資金調度需求，偏離誠信原則。例如：過度依賴短期融資以應付現金流壓力，或在財務報表中過度「包裝」，導致財務透明度與信任度下滑。

這些挑戰提醒我們，誠信經營絕非理所當然，而是需要在財務管理制度與治理文化中，持續被強化與實踐。

誠信經營的國際化趨勢

在國際市場中，誠信經營與財務管理的連結，已成為企業永續競爭力的必要條件。跨國企業普遍強調財務治理與社會責任的結合，將透明化財務資訊視為企業對外部市場的誠信承諾。

例如：歐美企業透過第三方審計與國際財務報導準則 (IFRS) 的導入，展現財務資訊的真實性；同時，結合 ESG 治理，將誠信經營納入企業的核心策略。臺灣企業若能與國際標準接軌，勢必能在市場合作與品牌形象上，取得更高的信任度與競爭優勢。

建立誠信財務治理的具體策略

要讓財務管理真正成為誠信經營的工具,企業可從以下策略著手:

1. 內部控制制度完善

確保財務資料的真實性與完整性,建立嚴謹的財務流程與權責劃分,避免舞弊與管理漏洞。

2. 外部審計與獨立監督

引進專業會計師與外部審計機構,定期檢視財務報表的正確性與治理結構的完善性。

3. 跨部門的財務透明文化

促進各部門之間的溝通與資訊共享,讓財務數據不只是財務部門的工具,更是全體經營決策的依據。

臺灣企業的未來機會

面對國際市場與永續發展的挑戰,臺灣企業若能從財務管理出發,將誠信經營內化為企業文化,將能在人際互動與市場合作中,取得更大的機會與發展空間。例如:企業可透過 ESG 資訊揭露,強化品牌在全球市場的影響力;或結合智慧財務工具,提升財務透明度與決策科學化。

這些努力,不僅強化企業的競爭力,更能在社會責任與長期發展中,發揮臺灣企業的價值。

誠信與財務，企業韌性的雙引擎

　　財務管理與誠信經營，並非平行的概念，而是彼此相依、相互成就的雙引擎。對臺灣企業而言，唯有在專業治理與透明化的支持下，讓財務管理承載誠信經營的價值，才能在人際互動與市場挑戰中，展現更高的韌性與競爭力，實現企業的長期發展與社會責任目標。

第七章　利潤背後的真相：揭開會計與管理的面紗

第六節　利潤目標與永續經營之道

利潤目標的傳統觀念與現代意義

　　利潤，長久以來是企業經營的核心目標。從傳統觀念來看，利潤是企業存續與發展的基礎，象徵著企業經營效率與市場競爭力。然而，隨著全球市場趨勢與社會價值觀的演進，利潤不再是企業經營的唯一指標，而是需要在永續發展與社會責任的框架下重新被詮釋與衡量。

　　對臺灣企業而言，特別是在家族企業文化與國際化壓力交織下，如何在追求利潤目標的同時，實現企業長期競爭力與社會價值，已成為企業治理與經營決策的關鍵課題。

永續經營：企業發展的新命題

　　永續經營強調的是企業在創造經濟效益的同時，兼顧社會責任與環境保護，並確保企業能在多變的市場中，維持長期的競爭力與成長力。這種經營哲學，不僅是對外部市場與社會的承諾，更是企業內部治理與策略調適的挑戰。

　　具體而言，永續經營包含以下面向：

- 經濟面：透過穩健的獲利能力與財務結構，維持企業的經濟活力與資金彈性。
- 社會面：積極投入社會責任，促進勞動力的福祉與社區的發展，增強企業的社會信任與品牌形象。

- 環境面：以環保與節能減碳作為經營目標，因應國際供應鏈的 ESG 要求，強化企業的綠色競爭力。

利潤目標與永續發展的平衡

在現實經營中，利潤目標與永續經營看似矛盾，實則密不可分。企業若一味追求短期利潤最大化，可能犧牲員工權益或環境保護，削弱企業長期信譽與社會責任；相反地，若企業忽視獲利目標，過度追求社會責任，將可能影響企業的經營穩定與市場競爭力。

因此，企業治理的核心在於，如何在人際互動與財務規劃中，取得「利潤」與「永續」的動態平衡，形成企業長期發展的正向循環。

臺灣企業的實務經驗與挑戰

臺灣企業長期以來，普遍強調「穩健經營」與「腳踏實地」的精神。許多家族企業主透過勤奮與節約精神，實現穩定的獲利與企業韌性。然而，在面對全球供應鏈重組與市場數位化轉型時，許多企業也面臨新的挑戰：

- 國際市場的永續壓力：國際品牌與大型買家，要求供應商符合 ESG 與綠色轉型目標，利潤結構必須與永續策略結合。
- 短期財務壓力與長期投入的矛盾：中小企業在資源有限下，往往難以兼顧短期獲利目標與長期永續投資。
- 治理與文化轉型：家族企業文化中，傳統的「利潤至上」思維，需要與現代「永續治理」概念融合，形成新的決策文化。

國際視野下的啟發

在國際市場中，許多企業已將永續目標內化為經營策略的一部分。跨國企業透過環境永續投資、社會公益專案與財務透明化，展現「獲利與責任並重」的經營哲學。這些國際經驗顯示，唯有將利潤目標與永續發展結合，企業才能在全球市場中，創造更高的信任度與合作價值。

臺灣企業若能結合本土勤奮文化與國際治理標準，善用人際互動與專業財務規劃，將能在國際市場競爭中展現更高的韌性與彈性。

建立平衡策略的實務建議

為了在利潤目標與永續經營間取得平衡，企業可從以下策略著手：

(1) 訂定永續的利潤目標：將永續指標納入企業年度財務與經營目標，確保獲利結構與社會責任的結合。

(2) 資訊透明與跨部門合作：讓財務、營運與 ESG 部門密切合作，形成以數據與專業為基礎的決策模式。

(3) 培養全員永續財務素養：透過教育訓練，讓員工從基層到高階，都能了解永續經營對企業長期獲利的重要性。

從利潤到價值，從經濟到責任

利潤目標與永續經營的平衡，不只是企業經營策略的選擇，更是對社會與未來的承諾。對臺灣企業而言，唯有在人本與專業治理的支持下，持續深化財務智慧與永續思維，才能在人際互動與國際競爭中，展現更高的韌性與價值，實現企業的長期成長與社會責任的目標。

第七節　財務數據中的風險評估

風險評估在財務管理中的重要性

在企業經營中,風險是無法迴避的現實。無論是經濟景氣循環、產業變遷還是政策環境變動,企業都必須在不確定的市場中做出理性的判斷與決策。財務數據作為企業經營的「經脈」,不只是記錄歷史,更是預測未來與評估風險的重要依據。

對臺灣企業而言,面對國際化與全球供應鏈的挑戰,若能善用財務數據中的風險評估工具,不僅能及早發現潛在危機,還能在市場波動中,維持企業的穩健經營與資金安全。

財務數據中的風險面向

財務數據中隱含著多層次的風險訊號,涵蓋企業經營的各個面向。常見的風險面向包括:

1. 現金流風險

企業的損益表可能顯示獲利,但若應收帳款回收不及時或庫存積壓,現金流不足仍可能引發資金斷裂風險。

2. 負債結構風險

財務報表中的負債比率、流動比率與利息覆蓋比率,揭示了企業在舉債經營中的槓桿壓力與償債能力。

3. 毛利率與成本結構風險

毛利率的變動，可能反映產品競爭力的下降或市場價格壓力，成本結構的不穩定，也會侵蝕企業的獲利能力。

4. 外部市場與匯率風險

對於出口導向的臺灣企業，匯率波動與國際市場需求變動，都是從財務數據可觀察到的外部風險。

臺灣企業的實務挑戰與應對

臺灣企業，特別是中小企業，通常具有高度的營運彈性與應變力。然而，在財務數據的系統化管理與風險評估工具的運用上，仍存在若干挑戰。許多企業偏重營收與獲利指標，卻忽視財務結構的穩健與市場變化的敏感度。

例如：部分企業在景氣高峰期擴張過快，負債比率急遽攀升，當市場需求反轉時，卻因資金壓力而陷入危機。這些經驗突顯出，單看報表數字還不夠，關鍵在於能否從數字中提煉風險訊號，形成預防性的管理策略。

風險評估的專業化與系統化

有效的風險評估，必須結合專業化的財務知識與系統化的分析工具。臺灣企業可從以下面向，逐步強化財務風險評估的能力：

1. 財務比率分析

透過資產負債結構、營運效率與獲利能力指標，系統化掌握財務結構與經營壓力。

2. 敏感度分析

針對不同市場變動情境，進行模擬測試，了解關鍵變數（如利率、原物料價格、匯率）變動對企業財務的影響。

3. 動態監控與滾動修正

不以年度報表為唯一依據，結合月度或季度數據，及時調整營運與財務策略。

4. 智慧化財務工具

結合 ERP 系統與大數據分析，實現財務數據的即時監控與多維度分析，增強風險預警能力。

國際化視野下的風險思維

在國際市場中，風險評估已是企業治理與財務管理的核心議題。跨國企業普遍將財務數據與外部市場數據結合，進行跨部門的情境分析與決策模擬，降低市場波動對營運的衝擊。

臺灣企業若能借鏡這些國際經驗，從傳統的「營收導向」轉向「風險導向」的財務思維，將能在人際互動與國際市場合作中，展現更高的財務穩健度與競爭彈性。

財務治理文化的落實

財務數據中的風險評估，最終仍需在企業治理文化中落實。董事會與高階經理人應將風險評估視為企業策略的一部分，確保不只是財務部門的工作，而是全組織的共同責任。透過跨部門溝通與教育訓練，培養

全員的風險意識與數據敏感度，讓企業在市場挑戰中，具備更強的適應力與創新力。

從數據中看見風險，從風險中找出機會

　　財務數據中的風險評估，是企業穩健經營與創新轉型的基石。對臺灣企業而言，唯有在專業化治理與智慧化工具的支持下，持續深化財務風險的辨識與管理，才能在國際化與永續發展的道路上，保持從容與自信，實現企業的長期價值與社會責任目標。

第八節　利潤背後的價值觀思考

利潤：不只是數字的追求

在企業經營中，利潤是財務報表中的重要指標，也是企業能否持續經營的基礎。然而，利潤不只是財務上的數字，更是企業價值觀與經營哲學的展現。企業如何看待利潤，如何在追求利潤的同時，兼顧社會責任與倫理標準，決定了企業的長期發展軌跡與市場形象。

對臺灣企業而言，特別是中小企業與家族企業，利潤的價值觀思考，往往與企業文化、家族觀念與社會責任深深交織，形成獨特的經營哲學與文化面貌。

利潤與企業價值觀的連結

企業價值觀是指企業在經營決策與日常管理中，所秉持的核心信念與行為準則。當企業的價值觀與利潤追求一致，形成正向循環，能創造出更大的經濟價值與社會價值。例如：重視品質與誠信的企業，通常能在激烈競爭中脫穎而出，形成品牌信任與穩定利潤。

相反地，若企業的價值觀偏離了長期發展與社會責任，僅僅追求短期利潤最大化，可能犧牲員工權益、破壞環境，最終損害企業的市場信譽與永續經營基礎。

第七章　利潤背後的真相：揭開會計與管理的面紗

臺灣企業的實務經驗與文化特質

臺灣企業長期以來強調勤奮、誠信與穩健的經營哲學。許多企業主視利潤為企業生存的基礎，卻也深信企業應該在誠信與社會責任的基礎上，創造可持續的財務成果。

然而，臺灣中小企業與家族企業中，也常面臨價值觀與利潤目標的矛盾：一方面要應對市場的獲利壓力，另一方面又要維護家族聲譽與企業的社會信任。這種矛盾，往往需要透過專業化治理與文化調適，找到平衡的路徑。

國際視野下的啟示

在國際市場上，越來越多企業將「利潤背後的價值觀」視為企業競爭力的一部分。跨國企業強調 ESG（環境、社會與治理）與財務表現的結合，認為只有當利潤建立在道德與社會責任的基礎上，才能真正實現長期的股東與社會價值。

例如：歐美企業在環境保護、員工福祉與治理透明上的投入，不僅塑造良好的企業形象，也強化了與市場及投資人的信任連結，形成穩健的利潤與永續成長的雙重優勢。

企業治理與價值觀的融合

在臺灣企業的治理實務中，價值觀的融合必須從企業治理結構與文化著手。董事會與高階經理人應該將企業的核心價值觀，落實於財務決策與市場行為中，確保利潤的取得方式符合企業的長期目標與社會責任。

具體而言，企業可從以下策略落實價值觀與利潤的結合：

1. 建立以誠信為基礎的決策機制

財務目標與社會責任並重，拒絕追求短期化與投機行為。

2. 推動跨部門合作與對話

讓財務部門與營運、ESG 部門密切合作，確保利潤的取得與企業整體目標一致。

3. 培養全員的價值觀共識

透過教育訓練與內部溝通，讓每位員工都理解「利潤是目標，更是責任」的意涵。

以價值觀驅動的利潤永續

利潤，作為企業經營的成果，應該是一種價值觀驅動的永續成果。這種成果不只是短期的數字表現，更是企業能否在市場中贏得信任、實現長期成長的關鍵。

對臺灣企業而言，面對國際市場與社會價值觀的快速轉型，唯有從內部治理到外部互動，持續深化「誠信、責任、永續」的核心價值觀，才能在人際互動與市場挑戰中，讓利潤背後蘊含更深層的社會影響力與競爭優勢。

從數字到信念，從財務到責任

利潤是企業生存的基礎，但更是企業價值觀與經營智慧的外顯成果。對臺灣企業而言，唯有在人本文化與專業治理的支持下，將利潤追求與價值觀深度融合，才能在人際網絡與國際市場中，展現真正的企業韌性與社會價值，實現企業的永續經營與社會責任承諾。

第七章　利潤背後的真相：揭開會計與管理的面紗

第八章
競爭優勢的密碼：成本與效率的抉擇

第八章　競爭優勢的密碼：成本與效率的抉擇

第一節　成本管理的基礎思維

成本管理的核心意涵

在企業經營中，成本管理是確保企業穩健經營與提升競爭優勢的基礎。所謂成本管理，不僅僅是控制支出，更關乎如何有效運用有限資源，創造最大的經濟效益與市場競爭力。企業若能從根本上建立正確的成本管理思維，就能在市場價格競爭、產業轉型與國際化的挑戰中，維持穩健的利潤與韌性。

臺灣企業長期以來以靈活與勤奮著稱，許多中小企業主更是「事必躬親」，深耕成本控管的細節。然而，隨著市場結構與技術創新的變化，成本管理也不再只是單一部門的任務，而是企業治理與發展策略的核心要素。

成本管理的基本目標

成本管理的核心目標，在於透過合理規劃與有效監控，達成「降低不必要支出、提升資源使用效率、確保企業競爭力」的三重任務。這不僅是財務層面的挑戰，更是企業文化與價值觀的展現。

具體而言，成本管理的基本目標包括：

- 維持財務健康：降低過度支出與浪費，確保現金流穩健，避免資金鏈斷裂風險。
- 支持價格競爭力：在市場價格競爭激烈的情況下，透過成本優化，讓產品或服務更具價格吸引力。

■ 強化資源運用效率：以最小的資源投入，創造最大的產出與價值，提升營運績效。

臺灣企業的成本管理文化

臺灣企業的成本管理文化，深受儒家文化與家族經營傳統影響，強調節約、謹慎與責任感。許多企業主以親力親為的方式，掌握從採購到生產的每個環節，形成了臺灣企業「小而精」的競爭優勢。

然而，這種文化同時也面臨新的挑戰：隨著企業規模擴大與國際化發展，成本結構變得更為複雜，傳統「節省成本」的思維，已無法完全應對新興市場與科技創新的挑戰。

成本管理與企業發展的關聯

成本管理不只是降低成本，更是支持企業成長與轉型的關鍵策略。當企業能有效掌控成本結構，就能在新產品開發、市場拓展與國際合作中，保有更多的資金彈性與投資空間，提升整體經營韌性。

例如：許多臺灣企業在面對國際市場價格壓力時，若能在原材料採購、製程自動化與物流運輸中，展現出靈活的成本優化能力，往往能在市場中取得更高的議價力與競爭優勢。

成本管理的思維轉型：從「節流」到「價值創造」

傳統的成本管理，常強調「節流」與「省錢」，追求短期的成本下降與報表改善。但在現代經營中，成本管理的思維必須從單純「削減」轉向「價值創造」。這意味著，企業不只是要省下成本，更要透過成本結構的

優化，讓資源使用能支持長期競爭力的發展。

例如：投資智慧化製造與數位化管理系統，雖短期增加資本支出，卻能在長期降低生產浪費與提升作業效率，創造更大的價值與回報。

國際視野下的成本管理思維

在國際市場上，跨國企業普遍將成本管理視為「策略性工具」而非「壓縮工具」。透過管理會計與成本分析，結合市場策略與長期競爭力，形成以數據驅動的經營決策基礎。

這種思維對臺灣企業的啟發在於：唯有從全局與長期視角，整合成本管理與企業經營策略，才能在人際互動與全球市場中，展現出更高的韌性與成長力。

成本管理的治理基礎

成本管理的有效落實，最終仍需依賴健全的治理結構與企業文化支持。董事會與經營團隊應將成本管理視為企業經營的核心指標，定期檢視成本結構與效率指標，確保財務決策的科學化與透明化。

同時，透過跨部門合作與教育訓練，讓成本管理不只是財務部門的工作，而是整個企業的共同目標與責任。

成本管理，競爭力的根基

成本管理的基礎思維，是企業能否在多變的市場環境中，保持穩健經營與持續創新的基礎。對臺灣企業而言，唯有在人本精神與專業治理

的支持下,從成本管理中找到企業長期價值與競爭優勢,才能在人際互動與國際市場中,實現長期的成長與社會責任的願景。

第八章　競爭優勢的密碼：成本與效率的抉擇

第二節　固定成本與變動成本的平衡

成本結構的基本區分

在企業的成本管理中，固定成本與變動成本是影響營運策略與競爭力的兩大支柱。固定成本，指的是不隨產銷規模變動而變動的成本，如廠房租金、機器折舊與管理人事費用等；變動成本，則是隨著產銷活動的增減而變化的成本，如原料成本、包裝費用與運輸支出等。

固定成本的穩定性，能為企業提供長期經營的基礎；變動成本的靈活性，則讓企業能迅速應對市場波動。企業若能在兩者之間取得平衡，就能兼顧短期的現金流穩健與長期的競爭力。

固定成本的穩健與風險

固定成本為企業的長期經營提供了穩定的支持。當企業擁有高比例的固定資產與核心設備，就能在市場景氣良好時，透過產能擴張與規模經濟，實現更高的毛利率與市場占有率。

然而，固定成本也意味著在景氣反轉或需求下滑時，企業必須持續支付相同的成本，無論產銷量是否下滑。對臺灣企業而言，特別是製造業與傳統產業，固定成本的沉重壓力，往往是企業在景氣下行時面臨現金流危機的主因。

變動成本的彈性與應變力

與固定成本相比,變動成本的特性在於靈活性與彈性。當市場需求波動時,企業能透過調整生產量與採購量,降低變動成本的負擔,減輕短期的現金流壓力。

例如:許多臺灣中小企業在面對出口市場的波動時,能夠透過靈活調整產能與庫存,展現出變動成本管理的韌性。這也是臺灣企業能在市場動盪時,保持較高適應力與競爭力的重要原因。

平衡兩種成本的經營智慧

固定成本與變動成本各有優缺點,關鍵在於企業如何在不同發展階段與市場環境下,找到最適化的成本結構。企業在成本結構上的平衡,意味著:

- 靜態時期的穩健:在市場需求穩定期,固定成本的穩健支撐有助於企業實現更高的效率與利潤。
- 動態時期的彈性:在市場波動期,變動成本的靈活性,讓企業能快速調整,降低風險與虧損。

這種平衡策略,需要企業具備精準的市場預測能力與彈性的財務管理思維,才能在不同情境中做出正確的成本決策。

臺灣企業的實務挑戰

臺灣企業,特別是中小企業與家族企業,在固定成本與變動成本的管理中,面臨多重挑戰。例如:家族企業傾向於長期擁有固定資產,以

維護經營自主與家族控制權,但這也可能提高固定成本比例,削弱市場波動下的彈性。

另一方面,臺灣企業普遍具備靈活應變的文化,善於在景氣波動時調整變動成本。然而,若缺乏長期的固定成本規劃,可能導致產能與競爭力不足,影響企業長期的市場地位。

國際化視野下的啟發

在國際市場中,跨國企業普遍強調固定成本與變動成本的策略性平衡。例如:透過靈活的外包策略與彈性供應鏈管理,降低固定成本壓力;同時,透過高效的自動化設備與專業化產線,確保長期競爭力。

這些國際經驗顯示,固定成本與變動成本並非單純的對立,而是需要在企業經營策略與市場定位中,找到最佳結合點。臺灣企業若能結合國際視野與在地經驗,將能在人際互動與全球市場中,展現更強的競爭力與彈性。

建立平衡策略的治理文化

要讓固定成本與變動成本的平衡成為企業競爭力,企業治理文化與決策機制是關鍵。董事會與高階經營團隊應將成本結構視為長期經營策略的一部分,定期檢視市場變化與成本結構的適應性,避免短期化或情緒化的決策。

同時,企業應推動跨部門溝通與成本意識教育,讓每位員工都能理解成本結構對企業競爭力的重要性,共同參與資源分配與效率優化的工作。

從平衡中創造穩健與彈性

　　固定成本與變動成本的平衡,是企業在多變市場中的生存智慧。對臺灣企業而言,唯有在人本文化與專業治理的支持下,從平衡中找到成本結構的最適化,才能在全球市場與在地市場的挑戰中,展現更高的韌性與創新力,實現企業的長期成長與社會責任目標。

第三節　成本效益與營運效率

成本效益的基本意涵

在企業經營中，成本效益是指企業在支出一定成本的基礎上，能夠獲得的最大經濟效益。換言之，就是以最小的投入，創造最大的產出與價值。成本效益的概念，不僅是財務指標，更是企業競爭力與市場韌性的核心展現。

對臺灣企業而言，無論是傳統產業還是新興產業，成本效益的優化都意味著能否在國際市場與在地市場中脫穎而出。它不僅影響短期的獲利表現，更決定了企業的長期發展與市場地位。

營運效率的意義與內涵

與成本效益密切相關的是營運效率。營運效率，指的是企業在資源分配與流程管理上的有效性與敏捷性。高營運效率意味著企業能以更快的速度、更低的成本，完成市場需求的滿足與產品或服務的交付。

營運效率與成本效益的關聯性，在於高營運效率能降低不必要的浪費與冗餘，從而提升每單位成本的價值產出。兩者相輔相成，共同構成企業在瞬息萬變市場中的競爭基礎。

臺灣企業的實務挑戰

臺灣企業長期以來以勤奮與靈活應變見長，許多中小企業能在景氣波動時，快速調整生產規模與市場策略。然而，在營運效率與成本效益的系統化管理上，仍存在挑戰：

1. 流程優化不足

部分傳統產業企業仍依賴經驗與直覺，缺乏系統化的流程優化機制，導致成本效益無法持續提升。

2. 數據應用的不足

企業在成本與效率的分析上，往往僅憑感覺與經驗，缺乏數據化的決策依據，難以全面掌握改進空間。

3. 國際市場的壓力

隨著國際化與數位化的加劇，臺灣企業面臨全球供應鏈競爭的挑戰，若無法同步提升成本效益與營運效率，將在市場中逐漸失去競爭力。

提升成本效益與營運效率的策略

要在瞬息萬變的市場中，實現成本效益與營運效率的雙贏，企業可從以下策略著手：

1. 流程再造與持續改進

企業應透過流程再造（Business Process Reengineering, BPR）與持續改進改善法（Kaizen，日語：改善）精神，檢視並優化每個生產與營運流程，消除浪費與非增值活動。

2. 智慧化與數位化管理

導入 ERP 系統、大數據分析與自動化技術，讓營運效率與成本監控從傳統的「手感經驗」轉向「數據決策」。

3. 跨部門合作與整合

營運效率與成本效益的提升，不只是單一部門的任務。透過跨部門溝通與合作，讓採購、研發、生產與銷售形成合力，最大化資源使用效益。

4. 培養成本意識與效率文化

建立「每位員工都是效率守護者」的文化，讓成本意識與效率追求成為組織共同價值，內化為日常工作的標準。

國際化視野下的學習與借鏡

在國際市場上，許多跨國企業將成本效益與營運效率視為企業治理的核心。例如：透過精益生產（Lean Production）與六標準差管理（Six Sigma），不僅持續消除浪費，更不斷提升流程的品質與穩定性。

這些國際經驗顯示，唯有將成本效益與營運效率視為企業整體策略的一部分，結合專業化治理與智慧化工具，才能在國際市場與在地市場中，保持穩健與創新的競爭力。

成本效益、效率與企業文化的連結

成本效益與營運效率，最終要落實於企業治理文化與組織氛圍中。董事會與經營團隊應以此作為經營決策的重要依據，並將其內化為組織的核心文化。

同時，企業應推動跨部門的學習與交流，培養員工的財務敏感度與效率意識，讓成本效益與營運效率不只是管理層的口號，而是全體同仁的日常工作守則。

從效率到競爭力，從成本到價值

成本效益與營運效率，是企業能否在競爭激烈市場中穩健前行的雙翼。對臺灣企業而言，唯有在人本文化與專業治理的支持下，持續強化這兩大支柱，才能在人際互動與全球市場的挑戰中，展現出更高的韌性與競爭優勢，實現企業的長期成長與社會責任目標。

第四節　財務決策中的成本控制技巧

成本控制：企業財務決策的核心

在企業經營與管理中，財務決策與成本控制密不可分。財務決策的科學化，要求企業不僅要看到財務報表上的數字，更要深入理解成本結構、資源分配與潛在風險。成本控制技巧，正是企業在面對市場壓力與國際競爭時，保持經營彈性與財務穩健的關鍵工具。

對臺灣企業而言，特別是面對全球化競爭與快速變動的供應鏈挑戰，財務決策中的成本控制能力，不只是提升獲利，更是企業可持續發展的基本功。

成本控制的基本原則

財務決策中的成本控制，強調的不僅是「省錢」，更在於「價值管理」。具體來說，成本控制的基本原則包含：

1. 全盤掌握與透明化

企業需掌握每個部門、每項流程的成本結構，建立清晰的成本資料庫與資訊揭露，避免資訊落差造成決策偏誤。

2. 預算與績效的結合

透過嚴謹的預算規劃與執行，結合定期績效評估，確保資源投入與產出之間的平衡。

3. 動態彈性與前瞻性

成本控制並非一成不變，應隨市場變化與企業成長調整，結合風險評估與市場預測，強化前瞻思維。

臺灣企業的實務挑戰

臺灣企業向來以靈活應變與效率高著稱，但在成本控制的系統化與專業化方面，仍面臨挑戰。許多中小企業仍習慣以經驗與直覺做決策，缺乏明確的成本管控架構與指標，導致財務決策過度依賴少數決策者的經驗。

此外，家族企業文化中，「人情味」與「彈性調整」雖帶來一定好處，但若缺乏數據化與標準化的管理，反而可能在面對市場風險時，暴露財務決策的脆弱性。

成本控制技巧的實務應用

要讓成本控制成為支持財務決策的工具，企業可從以下技巧著手：

1. 成本分類與分析

將成本分為固定成本與變動成本、直接成本與間接成本，進行細部分析與比對，找出高成本環節與潛在的節約空間。

2. 差異分析與即時調整

定期進行預算執行結果與實際支出之間的差異分析，找出異常項目並及時調整，防止資源浪費。

3. 價值鏈成本管理

將成本控制延伸至整個價值鏈，包括供應商、製造、物流與銷售端，尋求整體性的成本優化方案。

4. 目標成本法與標竿管理

透過市場競爭比較與內外部標竿分析，設定合理的目標成本，推動部門間的持續改進與效率提升。

國際視野下的成本控制策略

在國際市場中，跨國企業普遍結合資料分析與智慧化工具，實現成本控制的科學化與精準化。例如：運用大數據分析消費者行為，優化庫存管理與物流成本；或是運用雲端 ERP 系統，整合全球供應鏈的成本資料，提升決策的即時性與精確度。

這些策略顯示，唯有將成本控制視為企業整體策略的一部分，企業才能在全球市場與產業鏈合作中，展現更高的財務競爭力與信任度。

成本控制與企業文化的結合

有效的成本控制，最終要融入企業治理文化與員工日常行為。董事會與高階經理人應重視成本控制在財務決策中的價值，透過明確的溝通與內部教育，讓成本意識成為全員共識。

此外，推動跨部門合作與持續學習，也是強化成本控制技巧的關鍵。當成本控制成為企業文化的一部分，員工在日常工作中，才能主動思考「如何用更少的資源，創造更大的價值」。

從成本控制到價值創造

　　財務決策中的成本控制技巧，不只是單純的成本削減工具，更是企業價值管理與經營韌性的展現。對臺灣企業而言，唯有在人本文化與專業治理的支持下，讓成本控制內化為企業文化與經營智慧，才能在人際互動與國際市場挑戰中，實現長期的穩健發展與社會責任目標。

第八章　競爭優勢的密碼：成本與效率的抉擇

第五節　數位化管理與成本優化

數位化管理的時代意義

隨著科技創新與數位轉型浪潮席捲全球，企業面臨的營運挑戰與管理機會日益多元。數位化管理，不僅是資訊工具的導入，更是一種結合智慧分析、流程優化與治理透明化的新思維。對企業而言，數位化管理最大的價值，在於它能賦能成本優化，從而提升企業的韌性與長期競爭力。

臺灣企業，尤其是以中小企業為主體的產業結構，向來以靈活與快速應變著稱。然而，在國際市場與科技應用的壓力下，企業若無法善用數位化工具強化成本優化，將難以在瞬息萬變的市場中保持競爭優勢。

數位化管理在成本優化中的角色

數位化管理透過系統化、即時化與數據化的特性，為成本優化提供了前所未有的精準與效率。它的核心作用展現在：

1. 流程自動化與減少浪費

透過自動化生產與智慧倉儲管理，減少人力與時間浪費，降低勞務成本與物流誤差。

2. 資料驅動的決策優化

數位化管理系統能即時整合財務、銷售、採購等數據，讓企業決策從經驗驅動轉向數據驅動，提升精確度與效率。

3. 跨部門合作與透明化

透過雲端 ERP 或智慧平臺，促進資訊在組織內部的流動與共享，減少部門間的重工與溝通成本。

臺灣企業的實務挑戰與轉型契機

臺灣企業在數位化管理的應用上，雖已逐步起步，但仍面臨以下挑戰：

1. 導入成本與轉型阻力

對許多中小企業而言，數位化系統初期投入不小，且組織文化可能對「數位化」有排斥或誤解。

2. 人才與技能的不足

數位化管理需要結合 IT 技術與財務專業，許多企業在內部人才培養與外部資源整合上，尚未完全到位。

然而，這些挑戰也是轉型的契機。隨著政府對中小企業數位轉型的政策支持，臺灣企業若能在管理思維與技術應用上同步進化，將能在國際市場中展現新的競爭優勢。

國際視野下的學習與借鏡

在國際市場上，許多跨國企業已將數位化管理與成本優化視為提升韌性與永續競爭力的核心策略。例如：透過智慧製造與工業物聯網（IoT），企業能即時監控設備狀態，降低機器維護與停工成本；又如，運用大數據與 AI 分析，預測市場需求與庫存波動，降低庫存成本與資金壓力。

第八章　競爭優勢的密碼：成本與效率的抉擇

這些案例顯示，數位化管理不只是技術升級，而是企業整體策略與文化的升級。臺灣企業若能結合這些國際經驗，並結合在地人際互動與彈性管理的優勢，將能在人際溝通與市場開發中，更具競爭力與信任感。

數位化成本優化的具體策略

為了讓數位化管理真正發揮成本優化的功能，企業可從以下策略著手：

1. 分階段導入與彈性調整

不必一蹴可幾，可從特定流程或部門著手，逐步擴展至全組織，避免一次性轉型帶來的資金與文化衝擊。

2. 結合現有系統與管理目標

數位化不只是導入新工具，更要與企業的營運目標與治理文化結合，確保工具能真正支持策略執行。

3. 培養數位化財務思維

強化員工的財務敏感度與資料分析力，讓數位化管理不只是技術升級，更是財務管理與決策文化的革新。

企業治理與數位化文化的結合

數位化管理與成本優化的落實，最終仍需企業治理與文化的支持。董事會與高階經理人應該以身作則，將數位化與成本優化視為企業核心目標的一部分，鼓勵部門間的合作與資訊分享。

同時，培養「學習型組織」文化，讓員工從抵觸新工具到主動擁抱轉型，才能讓數位化成本優化真正內化為企業的競爭力。

數位化管理 —— 成本優化與永續發展的雙引擎

數位化管理與成本優化，已不只是企業的技術選項，而是邁向國際化與永續發展的雙引擎。對臺灣企業而言，唯有在人本文化與專業治理的基礎上，結合數位化工具與成本優化策略，才能在人際互動與全球市場的挑戰中，展現更強的韌性與創新力，實現企業的長期競爭力與社會責任目標。

第八章　競爭優勢的密碼：成本與效率的抉擇

第六節　成本壓力下的創新解方

成本壓力的經營挑戰

在現代市場環境中，成本壓力無處不在。原物料價格上漲、勞動力成本攀升、國際市場競爭加劇……這些因素交織，讓企業面臨空前的成本壓力。特別是對臺灣以中小企業與出口導向型產業為主的經濟體而言，如何在成本上升的環境下，仍能保持營運彈性與競爭力，是經營決策的首要挑戰。

然而，挑戰中也蘊藏著轉型的契機。企業若能從成本壓力中找到創新的解決方案，往往能在市場中創造新的價值曲線，甚至翻轉產業格局。

創新的本質：從被動應對到主動轉型

當企業面對成本壓力時，傳統的應對方式通常是「削減」或「外包」。雖然在短期內能產生財務效果，卻可能損及長期的競爭力與組織能力。現代管理強調，企業應將成本壓力視為創新的推力，而非單純的削減壓力。

具體而言，創新解方應該結合以下面向：

1. 流程創新

重新設計生產與服務流程，減少非增值活動，提升生產效率與彈性。

2. 技術創新

導入自動化、數位化與智慧化技術，降低人力與時間成本，創造新的生產力。

3. 商業模式創新

超越傳統的價格競爭，從產品到服務、從擁有到共享，開拓新的收益模式與市場空間。

臺灣企業的實務經驗

臺灣企業在面對成本壓力時，展現出高度的韌性與創新力。例如：電子代工業者透過智慧製造與供應鏈合作，大幅降低生產成本與庫存壓力；傳統產業如紡織與工具機產業，則透過產品設計創新與品牌轉型，突破低價競爭的限制。

然而，挑戰依舊存在。部分企業仍以短期削減成本為主，忽略長期創新的必要性，導致營運模式僵化、無法應對快速變動的市場。

國際市場的啟發

國際企業在面對成本壓力時，通常採取「雙軌策略」：一方面強化內部成本控制，另一方面透過創新實現價值升級。例如：日本豐田汽車以「精益生產」為核心，持續降低浪費與提高效率，同時不斷推動電動化與智慧車聯網等新事業；歐美零售業則透過電子商務與大數據分析，重新定義零售服務的價值與效率。

這些國際經驗顯示，成本壓力下的創新，關鍵在於結合技術、流程與文化的整合式創新，而非單點的應急措施。

第八章　競爭優勢的密碼：成本與效率的抉擇

成本壓力下的創新策略

臺灣企業若要在成本壓力中脫穎而出，可從以下策略著手：

1. 投資智慧化與自動化

智慧化不只是大型企業的專利，中小企業也能透過模組化自動化解決方案，降低重複性工作的人力成本。

2. 跨部門與跨界合作

與供應商、客戶甚至競爭對手合作，建立彈性供應鏈與共創價值鏈，分散成本壓力與市場風險。

3. 從價格競爭到價值競爭

避免在價格上陷入惡性循環，透過設計力、品牌力與服務力，提升附加價值與顧客黏著度。

企業文化與治理的支撐

創新解方的推動，離不開企業文化與治理結構的支持。董事會與高階管理團隊應將創新視為企業的核心競爭力，投入必要的資源與耐心，避免因短期財務壓力而削弱創新投資。

同時，培養「允許試錯、持續改進」的文化氛圍，讓基層員工與中階管理者能在日常工作中，主動發現問題與提出創新想法。

從壓力到機會，從應對到創新

成本壓力是企業永恆的挑戰，也是創新與轉型的契機。對臺灣企業而言，唯有在人本文化與專業治理的支持下，將成本壓力轉化為創新動

能，才能在人際互動與國際市場的挑戰中，展現更強的韌性與競爭力，實現企業的永續經營與社會責任目標。

第七節　成本結構與企業競爭力

成本結構的基本概念

　　成本結構，指的是企業在經營過程中，各項成本的組成與分布情況。它反映了企業在生產、營運與市場拓展上的策略選擇，也是企業競爭力的直接展現。對企業而言，合理的成本結構，不僅能提升獲利能力，更能在市場波動中，展現出更高的韌性與調整彈性。

　　臺灣企業，特別是在中小企業與出口導向型產業中，成本結構的靈活與穩健，往往成為面對國際競爭的核心優勢。

成本結構與競爭力的關聯

　　企業的成本結構，直接影響其在市場中的定價能力與獲利模式。當企業能夠在成本結構中，兼顧固定成本的穩健與變動成本的彈性，就能在價格競爭與產品差異化中，取得更大的空間與彈性。

　　具體來說，成本結構對企業競爭力的影響，展現在以下幾個層面：

1. 價格彈性與市場策略

　　成本結構穩健的企業，能在市場價格戰中，保持較高的價格彈性與議價能力，避免過度依賴價格促銷犧牲獲利。

2. 財務風險與穩健度

　　過高的固定成本，可能在市場需求下滑時，帶來沉重的資金壓力；而靈活的變動成本結構，則有助於降低短期的現金流風險。

3. 創新與投資的空間

高效的成本結構，能釋放資金彈性，讓企業有更多餘裕投入創新與國際市場拓展，提升長期競爭力。

臺灣企業的實務挑戰

臺灣企業在成本結構的管理上，向來以靈活與快速應變著稱。然而，面對全球供應鏈重組與國際競爭加劇，部分企業在成本結構上，仍面臨以下挑戰：

1. 固定成本比例過高

部分傳產企業因設備投資與廠房租賃的歷史包袱，固定成本比例高，限制了市場需求波動下的調整彈性。

2. 價值鏈分工不足

在跨國供應鏈中，若無法有效整合上下游資源，成本結構可能因重複投資與效率不足，而無法與國際標準接軌。

3. 缺乏長期的結構性規劃

許多中小企業雖具備短期成本控制力，卻缺乏長期的成本結構優化策略，影響企業的永續經營與國際化發展。

國際市場的啟示

在國際市場上，跨國企業普遍強調「成本結構的策略化管理」。他們將成本結構視為企業競爭力的一部分，透過以下方式實現優化：

第八章　競爭優勢的密碼：成本與效率的抉擇

1. 價值鏈整合

以全球視野重新配置供應鏈，善用區域成本差異，降低生產與物流成本。

2. 智慧化與自動化

透過智慧工廠與大數據管理，降低生產與管理的固定成本，提高營運的彈性與效率。

3. 長期的財務規畫

跨國企業普遍將成本結構優化納入財務治理與投資規畫，形成穩健的成長基礎。

臺灣企業若能結合這些國際經驗，並結合在地的人脈與市場靈活性，將能在人際互動與全球市場中，展現更強的財務穩健與經營韌性。

成本結構優化的實務策略

企業在實務中，可透過以下策略優化成本結構，強化競爭力：

1. 成本結構的透明化與數據化

建立完整的成本資料庫，透過資料分析掌握每個環節的成本組成與效益。

2. 跨部門與外部合作

與供應商、通路商與技術夥伴形成共創模式，透過外部合作分散固定成本壓力，提升彈性。

3. 定期檢視與動態調整

隨著市場環境與企業策略的變化,持續檢視並調整成本結構,保持競爭力與韌性。

企業文化與治理的支撐

成本結構的優化,最終仍需企業治理文化的支持。董事會與高階管理團隊,應將成本結構視為企業長期策略的一部分,避免短期化的削減思維。透過教育訓練與跨部門溝通,培養全員對成本結構的理解與共識,讓成本管理成為企業競爭力的一部分,而非單一部門的責任。

從成本結構到企業競爭力

成本結構,既是企業財務健康的基礎,也是企業創新與成長的保障。對臺灣企業而言,唯有在人本文化與專業治理的支持下,將成本結構的優化與長期發展目標結合,才能在人際互動與國際市場的挑戰中,展現更高的韌性與競爭力,實現企業的永續經營與社會責任目標。

第八節　效率驅動的財務策略

效率與財務策略的連動

在企業經營中,效率一直被視為競爭力的核心指標。效率不只是營運現場的指標,更是企業財務策略中的重要思維。當企業在成本結構與營運模式中追求效率提升,往往也帶來了更穩健的財務結構與更高的資金利用率。這樣的效率驅動,讓企業在面對國際市場與全球供應鏈的挑戰時,展現出更強的抗風險能力與成長潛力。

對臺灣企業而言,特別是在中小企業與家族企業中,效率與財務策略的結合,是從經營穩健邁向創新成長的必經之路。

效率驅動的財務策略內涵

效率驅動的財務策略,並非單純的「省錢」或「縮編」,而是透過系統化的管理與智慧化的工具,讓每一分支出都能發揮最大化的投資報酬。具體而言,效率驅動的財務策略包含以下面向:

1. 現金流效率

強化現金流管理,確保資金週轉速度快,降低資金占用與利息負擔。

2. 資產使用效率

透過優化庫存、產線與設備使用率,降低固定成本壓力,提高資產報酬率。

3. 營運資金的彈性配置

根據市場與產品生命週期的變化,靈活調整營運資金結構,強化風險應變力。

臺灣企業的實務挑戰與機會

臺灣企業在效率管理的文化上,一向具有勤奮與彈性的特質。然而,許多企業在將效率概念內化為財務決策時,仍面臨以下挑戰:

1. 傳統管理模式的局限

部分企業仍停留在傳統的成本削減思維,忽略了「效率驅動」背後的價值創造潛力。

2. 數據化與即時化不足

效率提升需要數據支撐,若企業缺乏即時的財務與營運數據,就難以做出科學化的財務策略。

3. 短期目標與長期願景的矛盾

在追求短期獲利壓力下,企業往往忽略長期的效率升級投資,反而削弱了未來競爭力。

國際視野下的效率與財務思維

在國際市場中,許多跨國企業已將效率驅動的財務策略,視為永續經營與市場拓展的基礎。例如:透過全球供應鏈整合與智慧化管理,降低不必要的資源浪費與跨區重工;又如,運用 AI 與數位化工具,強化財務決策的精準度,讓效率不只是營運指標,而是財務穩健的關鍵引擎。

第八章　競爭優勢的密碼：成本與效率的抉擇

這些國際經驗顯示，效率驅動與財務策略的結合，必須結合治理結構、文化思維與技術工具，才能在人際互動與市場合作中，展現真正的價值。

強化效率驅動財務策略的實務建議

臺灣企業若要在效率驅動下，展現更強的財務彈性與市場應變力，可從以下策略著手：

1. 推動智慧化財務系統

導入 ERP、雲端會計與 BI 分析工具，提升財務數據的即時性與整合力，支援效率決策。

2. 跨部門效率文化的建立

透過內部教育與目標設定，讓營運效率與財務策略不只是財務部門的任務，而是全體組織的共同語言。

3. 彈性化的財務規畫

避免過度僵化的資金運用與投資計畫，結合市場機會與企業目標，動態調整財務策略。

4. 強化與供應鏈夥伴的合作

透過供應鏈合作，讓成本與效率的優化跨越企業邊界，形成更具韌性的產業生態系。

企業治理與文化的支撐

效率驅動的財務策略,最終仍需企業治理與文化的支持。董事會與高階經營團隊,應該以開放、透明與前瞻的態度,將效率驅動內化為企業長期經營的文化根基。透過持續的學習與自我優化,讓「效率」不只是口號,而是企業價值的長期驅動力。

從效率驅動到競爭力深化

效率驅動的財務策略,是企業能否在全球市場中脫穎而出的關鍵。對臺灣企業而言,唯有在人本精神與專業治理的支持下,將效率管理與財務策略緊密結合,才能在人際互動與國際市場的挑戰中,展現更高的韌性與創新力,實現企業的永續經營與社會責任目標。

第八章　競爭優勢的密碼：成本與效率的抉擇

第九章
財務管理的彈性：
現金流與應變能力

第九章　財務管理的彈性：現金流與應變能力

第一節　現金流是企業的穩定基礎

現金流的重要性與核心地位

在企業經營的全景中，現金流被譽為企業的「血液」，承擔著日常營運、投資與風險承擔的關鍵角色。無論企業規模大小、產業屬性如何，穩健的現金流都代表著企業能否持續運轉與應對市場挑戰的基本條件。

對臺灣企業而言，特別是中小企業與家族企業，現金流管理的彈性與效率，常常決定了企業能否在市場波動與突發挑戰中保持穩健，甚至找到成長的新機會。

現金流與獲利的差異

許多企業主或經理人常將「獲利」與「現金流」視為相同的指標。然而，兩者雖緊密相關，卻有著本質上的差異。獲利，指的是企業在一段期間內的營收與成本間的淨差額；而現金流，則是企業實際進出帳的現金與等同現金的流動。

企業可能「帳面獲利」，但因為應收帳款回收不順或存貨積壓，導致現金流短缺，無法及時支付債務與日常開支。這種情形在臺灣傳產與中小企業中時有發生，提醒經營者必須超越獲利指標，關注現金流的實質安全。

臺灣企業的現金流挑戰

臺灣企業向來以「勤奮與彈性」聞名，但也面臨現金流管理上的結構性挑戰：

1. 短期資金來源有限

部分中小企業在與銀行融資談判中,因為缺乏完善的財務報告或擔保品,取得資金的管道與彈性受限。

2. 應收帳款回收壓力

傳產企業與代工業者,常面臨上下游客戶付款期長、應收帳款回收慢的問題,侵蝕現金流的穩定性。

3. 家族文化影響

家族企業中,經營者習慣以人際關係處理財務問題,缺乏系統化的現金流監控與預測,增加潛在的財務風險。

國際市場的現金流智慧

在國際市場上,現金流管理已成為企業治理的基本指標。跨國企業普遍重視現金流的即時監控與多元化融資彈性,將現金流視為企業韌性與創新的「燃料」。

例如:透過智慧化財務工具與大數據分析,國際企業能即時掌握現金流狀況,預測市場變動對資金安全的影響。這種前瞻式的現金流管理,讓企業在面對景氣下行與市場衝擊時,能更快調整營運與投資策略。

強化現金流管理的實務策略

臺灣企業若要將現金流管理作為穩健經營的基礎,可從以下幾個策略著手:

第九章　財務管理的彈性：現金流與應變能力

1. 建立即時的現金流監控機制

透過 ERP 或智慧化財務系統，實現現金流的動態監控，及時調整應收應付策略。

2. 多元化融資管道

除銀行貸款外，積極拓展供應鏈金融、票據融通與外部投資夥伴合作，增加資金取得的彈性。

3. 優化應收帳款與庫存管理

加強與上下游夥伴的溝通，縮短應收帳款週期，避免庫存積壓對現金流的占用。

4. 預測與情境分析

定期進行現金流預測，結合情境模擬，掌握市場變動對現金流的可能影響。

現金流思維與企業文化的連結

現金流管理的核心，不只是技術或工具，更是企業文化與價值觀的一部分。董事會與高階管理團隊應將現金流視為企業治理的關鍵目標，避免過度樂觀的營收預測與盲目的投資決策，確保企業在面對挑戰時，能保有必要的資金安全墊。

同時，企業文化中應強化對現金流意識的重視，讓財務部門與業務部門共同合作，形成以現金流為基礎的決策思維。

現金流，企業穩健的護城河

　　現金流，是企業穩健經營與永續發展的基礎，更是企業在多變市場中，抓住機會與抵禦風險的護城河。對臺灣企業而言，唯有在人本精神與專業治理的支持下，將現金流管理從報表指標轉化為日常經營的核心思維，才能在人際互動與國際競爭的挑戰中，展現更強的韌性與競爭力，實現企業的長期發展與社會責任目標。

第九章　財務管理的彈性：現金流與應變能力

第二節　財務應變力與風險管理

財務應變力的基本概念

在瞬息萬變的市場環境中，財務應變力成為企業能否穩健經營的重要指標。財務應變力，指的是企業在面對外部衝擊、產業波動或突發危機時，能迅速調度資金、調整財務策略，確保營運不中斷的能力。它展現了企業財務體質的健康度，也是財務管理的核心目標。

對臺灣企業而言，特別是中小型與家族企業，財務應變力往往是企業能否度過景氣下行與國際競爭的關鍵。只有當企業具備強大的財務應變力，才能在市場變局中化危機為轉機，實現穩健與成長。

財務應變力與風險管理的連結

財務應變力與風險管理密不可分。良好的風險管理架構，能協助企業辨識潛在威脅，並透過財務工具與決策機制，強化應變力。具體來說，財務應變力的展現，依賴以下風險管理機制：

1. 風險辨識與預測

透過市場研究與財務資料分析，及早掌握產業與市場風險，避免被動應對。

2. 資金彈性與配置優化

財務管理的核心是保持資金彈性，讓企業在面對突發資金需求時，能迅速因應。

3. 財務多元化策略

分散資金來源與投資組合，降低單一市場或產品的風險，形成財務安全網。

臺灣企業的實務挑戰

臺灣企業長期以來以靈活與彈性見長，但在財務應變力與風險管理上，仍面臨多重挑戰：

1. 家族企業的資金集中

部分家族企業習慣以「人情信用」處理財務問題，缺乏科學化的風險管理與資金調度規劃。

2. 短期目標與長期策略的矛盾

在追求短期營收與成本削減的壓力下，企業往往忽略了長期的財務彈性與應變準備。

3. 外部融資依賴度高

部分企業過度依賴銀行貸款，缺乏多元化的融資管道與風險分散策略。

國際市場的啟發

在國際市場上，跨國企業普遍將財務應變力視為企業韌性的核心。透過智慧化財務管理與跨部門合作，這些企業能即時監控市場變化，迅速做出調整。例如：國際企業通常結合應急資金池與多元化的供應鏈合作，降低單點風險。

第九章　財務管理的彈性：現金流與應變能力

這種風險導向與靈活應變的治理思維，值得臺灣企業借鏡。它顯示，面對市場挑戰時，應變力不只是財務部門的責任，而是企業整體文化與治理結構的一部分。

強化財務應變力的實務策略

要讓財務應變力成為企業的競爭優勢，企業可從以下策略著手：

1. 建構多元化資金取得管道

除傳統銀行貸款外，企業應考慮供應鏈金融、策略性股權合作與資本市場等多元化融資模式，增加資金調度的彈性。

2. 風險管理制度化

建立風險辨識與監控機制，結合情境模擬與財務指標分析，形成前瞻性風險應對策略。

3. 跨部門溝通與快速決策

建立跨部門的資訊共享與決策機制，讓財務決策能快速結合市場與營運的最新動態。

4. 強化現金流與流動性管理

持續監控應收帳款、庫存與現金流動，確保在危機出現時，有足夠的資金安全墊應對風險。

企業文化與治理的支撐

財務應變力的落實，最終需要企業治理文化的支撐。董事會與高階管理團隊，應以開放與前瞻的態度，將風險管理與應變力視為企業經營

策略的一部分。透過教育訓練與跨部門的合作，讓每位員工都能意識到風險與應變力的重要性，內化為企業的共同價值。

從財務彈性到市場競爭力

　　財務應變力，是企業在面對風險與挑戰時，能否保持競爭力的關鍵。對臺灣企業而言，唯有在人本文化與專業治理的支持下，持續強化風險管理與財務彈性，才能在人際互動與國際市場的挑戰中，展現更高的韌性與穩健性，實現企業的長期發展與社會責任目標。

第九章　財務管理的彈性：現金流與應變能力

第三節　流動資金的彈性配置

流動資金的定義與意義

　　流動資金，指的是企業在短期內可支配、調度與運用的資金，包括現金、應收帳款、存貨及短期投資等。流動資金的充足與否，決定了企業在日常營運中的穩健性與靈活度。特別是在瞬息萬變的市場環境中，流動資金的彈性配置，成為企業能否迅速回應市場機會與風險挑戰的關鍵。

　　對臺灣企業而言，特別是中小企業與家族企業，流動資金的管理往往被視為「現金安全墊」，是企業穩健經營與長期競爭力的基礎。

流動資金彈性配置的重要性

　　企業面臨的最大挑戰之一，就是如何在有限的資金條件下，兼顧營運穩定與成長投資。流動資金的彈性配置，展現在以下幾個層面：

1. 資金運作的靈活度

　　充足且彈性的流動資金，能協助企業應對訂單波動、客戶延期付款等經營挑戰，降低營運中斷風險。

2. 市場機會的掌握

　　當市場出現新機會時，企業若具備靈活的資金運作能力，能迅速投入新專案或擴大生產，取得先機。

3. 財務風險的緩衝

流動資金的彈性，也為企業提供了緩衝帶，在面對景氣下滑或突發危機時，維持財務穩健。

臺灣企業的實務挑戰

臺灣企業在流動資金管理中，常見以下挑戰：

1. 應收帳款週轉期長

傳產與代工產業，常因應收帳款回收期長，導致資金被動占用，影響短期現金流。

2. 庫存管理不足

庫存過多或結構不佳，容易造成資金積壓，影響資金調度彈性。

3. 缺乏長期資金配置規畫

許多企業仍以短期營運為重，缺乏流動資金的長期結構優化與策略規畫。

國際市場的啟發與借鏡

國際市場中的跨國企業，普遍重視流動資金的動態管理與策略化配置。他們結合大數據與智慧化財務工具，實現即時監控與調整。例如：透過供應鏈金融與逆向融資，將上下游夥伴的資金需求整合，降低單一企業的資金壓力與風險。

這些經驗對臺灣企業的啟發在於：流動資金管理不只是財務部門的工作，而是整個價值鏈合作與治理思維的一部分。

第九章　財務管理的彈性：現金流與應變能力

彈性配置的實務策略

要在瞬息萬變的市場中，實現流動資金的彈性配置，臺灣企業可從以下策略著手：

1. 即時化監控與資料分析

運用 ERP 或智慧財務系統，實現流動資金的即時監控，透過資料分析找出效率瓶頸與調度空間。

2. 應收帳款與庫存管理優化

縮短應收帳款週轉期，避免存貨積壓，提升流動性與資金使用效率。

3. 多元化融資管道

結合供應鏈融資、票據貼現與策略性股權合作，形成靈活多元的資金來源，分散單一管道的風險。

4. 動態預算與滾動調整

建立動態預算制度，隨市場變化持續滾動修正，讓流動資金配置更符合實際需求與機會。

企業治理與文化的支撐

流動資金的彈性配置，不只是財務操作，更是企業治理文化的一部分。董事會與經營團隊應該重視資金彈性在企業永續經營中的意義，鼓勵部門間合作，打破「只管自己單位」的思維，讓流動資金管理成為整體經營策略的一部分。

同時，企業文化中應強化「資金安全」與「效率優化」的價值觀，讓每位員工都能理解流動資金的重要性，共同打造財務韌性的企業文化。

彈性流動資金，企業的生命線

流動資金的彈性配置，是企業在多變市場中保持生命力的關鍵。對臺灣企業而言，唯有在人本精神與專業治理的支持下，從數據到文化、從內部到外部，形成完整的流動資金管理與應變機制，才能在人際互動與國際市場中，展現更強的韌性與競爭力，實現企業的永續發展與社會責任目標。

第九章　財務管理的彈性：現金流與應變能力

第四節　財務透明化與市場信心

財務透明化的基礎概念

財務透明化，指的是企業能夠如實、即時並系統化地揭露其財務狀況與營運績效，讓投資人、供應鏈夥伴與社會各界能全面掌握企業的經營實力與風險結構。這種透明化不只是法律責任，更是企業誠信文化與市場信任的重要基石。

對臺灣企業而言，特別是在家族企業比例高與中小企業靈活經營的背景下，財務透明化往往是企業能否打開國際市場、吸引資金與建立品牌形象的關鍵。

財務透明化與市場信心的連結

市場信心，來自於外部利益關係人對企業的信任與認同。當企業能透過財務透明化展現誠信與專業，市場便更傾向於給予資金支持與合作機會。反之，財務資訊若不透明或含糊不清，將削弱外部投資人與合作夥伴的信心，影響融資條件與市場擴張。

具體而言，財務透明化對市場信心的正向影響包括：

1. 降低資訊不對稱

資訊公開完整，讓投資人與合作夥伴能做出更精準的風險評估與決策。

2. 提升企業評價與品牌形象

透明的財務結構能強化企業在供應鏈與市場中的信任度,提升品牌價值。

3. 強化資金取得與合作機會

誠實揭露的企業更能獲得銀行、投資機構與策略夥伴的支持,減輕資金壓力。

臺灣企業的實務挑戰

臺灣企業在財務透明化的推動上,仍面臨多重挑戰:

1. 家族文化的影響

部分家族企業習慣於內部封閉決策,對外財務資訊揭露意願不足,限制了透明化的深度與廣度。

2. 中小企業的資源限制

中小企業在會計制度與專業人才上的投入有限,難以達到國際標準的透明化要求。

3. 短期化經營思維

部分企業過度關注短期業績表現,忽略了長期治理與市場信心的重要性。

國際化視野下的啟示

在國際市場中,跨國企業普遍將財務透明化視為治理文化的一部分。透過國際財務報導準則 (IFRS) 與第三方審計,國際企業展現出對市

第九章　財務管理的彈性：現金流與應變能力

場與社會的誠信承諾，強化了品牌的國際競爭力。

例如：歐美企業普遍重視財務報告的完整性與時效性，透過資訊透明化建立投資人對企業的長期信心。這些國際經驗提醒臺灣企業，唯有將透明化視為企業核心價值，才能在國際供應鏈與市場合作中脫穎而出。

推動財務透明化的實務策略

臺灣企業若要在財務透明化中取得競爭優勢，可從以下策略著手：

1. 建立完善的財務報告機制

依據國際會計準則，定期編制與揭露完整的財務報告，讓外部利益關係人能及時掌握企業財務全貌。

2. 推動外部審計與治理強化

結合專業的外部審計與董事會監督，確保財務透明化不只是形式，而是治理結構的實質展現。

3. 強化內部溝通與跨部門合作

讓財務資訊不只是財務部門的專業，透過跨部門合作與溝通，形成全員重視透明化的文化氛圍。

財務透明化與企業文化的融合

財務透明化不僅是技術層面的挑戰，更是企業文化的深化與治理思維的轉型。董事會與高階經營團隊應以開放、前瞻的態度，鼓勵資訊分享與治理創新，讓透明化成為企業信任力與競爭力的根基。

同時，企業應透過教育與訓練，讓員工理解財務透明化對企業長期發展與市場信心的重要性，形成內外部一致的誠信經營文化。

透明化，企業永續的保障

　　財務透明化是企業穩健經營與國際競爭的核心基石。對臺灣企業而言，唯有在人本精神與專業治理的支持下，持續深化財務透明化，才能在人際互動與國際市場的挑戰中，展現更強的韌性與信任力，實現企業的長期發展與社會責任目標。

第九章　財務管理的彈性：現金流與應變能力

第五節　預算與現金流的統合思維

預算管理與現金流管理的相輔相成

在企業財務管理的全景中，預算與現金流管理是兩大不可或缺的支柱。預算管理，著重於規劃與控制，幫助企業在未來營運中明確目標與資源分配；而現金流管理，則是企業確保資金安全與財務彈性的即時機制。兩者看似分離，實則相互支撐，共同決定企業經營的穩健與韌性。

對臺灣企業而言，尤其是中小企業與家族企業，預算與現金流往往被視為兩個部門的職責：財會部門做預算，財務部門管現金。然而，在面對國際市場波動與數位化競爭時，唯有將兩者統合為「一體思維」，才能真正發揮財務管理的策略價值。

預算管理的核心目標

預算，並非只是帳面數字的規劃，而是企業未來經營方向與資源分配的藍圖。它的核心目標包括：

1. 經營目標的量化

將抽象的策略目標，轉化為具體的財務指標，讓各部門有明確的工作方向與績效依據。

2. 資源分配的最適化

協助企業在有限資源下，做出最有效率的投資與成本配置決策。

3. 績效管理的依據

預算是績效評估的重要依據，能及時發現問題、修正偏差，保持經營的彈性與精準。

現金流管理的即時性與安全性

相對於預算的前瞻性，現金流管理更關注日常營運的資金安全與即時調度。它的核心價值在於：

1. 資金鏈不中斷

即便預算再完善，若現金流短缺，企業也可能因資金斷裂而陷入危機。

2. 應對突發變動

市場與客戶的突發變化，往往需要現金流的即時應變能力，避免短期資金壓力擴大成長期風險。

預算與現金流的統合挑戰

在實務上，臺灣企業在統合預算與現金流時，常遇到以下挑戰：

1. 部門間缺乏合作

預算與現金流管理往往由不同部門負責，缺乏溝通，導致資金規劃與營運策略無法銜接。

2. 短期與長期目標的衝突

預算著眼於長期目標，而現金流管理偏向短期安全，兩者若無整合，可能出現資金缺口或投資誤判。

第九章　財務管理的彈性：現金流與應變能力

3. 靈活度不足

傳統預算多為年度制，缺乏即時修正機制，無法快速反應市場變化，降低資金使用效率。

國際市場的統合思維

國際市場中的跨國企業，普遍將預算與現金流視為「同一個財務生命體」。例如：透過滾動式預算與動態資金池，企業能根據市場與營運變化，及時調整資金配置與投資步調，兼顧穩健與成長。

這種統合思維提醒臺灣企業，唯有打破部門本位主義，讓預算與現金流「說同一種語言」，才能在全球競爭中保持韌性與靈活性。

建立統合思維的實務策略

臺灣企業若要實現預算與現金流的統合管理，可從以下幾個策略切入：

1. 跨部門合作機制

建立跨部門的預算與資金管理小組，讓營運、財務與業務單位共享資訊，做出更一致與靈活的財務決策。

2. 智慧化與即時化管理

導入 ERP 與智慧財務平臺，結合預算規劃與現金流監控，形成數據化的決策基礎。

3. 滾動式預算與動態調整

打破僵化的年度預算模式，採取滾動修正機制，隨市場與營運變動調整資金使用計畫。

4. 情境模擬與風險評估

結合情境分析與風險管理，模擬市場變化對現金流的影響，提前布局資金調度方案。

企業文化與治理的支撐

統合思維的落實，最終需要企業文化與治理機制的支持。董事會與經營團隊應該視預算與現金流的統合為企業治理的一部分，避免短期化思維與部門本位，強化以數據為基礎的合作文化。

同時，培養「資金韌性」與「靈活配置」的價值觀，讓每位員工都能意識到，預算與現金流不是兩套系統，而是共同構成企業穩健基礎的「雙核心」。

從統合思維到永續發展

預算與現金流的統合，是企業從財務穩健邁向永續發展的關鍵。對臺灣企業而言，唯有在人本文化與專業治理的支持下，打破部門藩籬，讓統合思維內化為企業文化，才能在人際互動與國際市場挑戰中，展現更強的韌性與競爭力，實現企業的長期成長與社會責任目標。

第九章　財務管理的彈性：現金流與應變能力

第六節　財務風險的事前預防

財務風險管理的核心思維

企業經營中，財務風險無處不在。市場波動、匯率變動、原料價格上漲、客戶違約……各種外部與內部因素，隨時可能衝擊企業的財務穩健。如何面對這些潛在威脅？答案並非等問題發生再解決，而是在問題發生前，及早預測與預防。

對臺灣企業而言，特別是以中小企業為主的產業結構，財務風險的事前預防，不只是生存之道，更是永續發展的必備能力。

財務風險的主要面向

企業財務風險，可大致分為以下幾個面向：

1. 市場風險

來自於市場價格、匯率、利率與景氣變動的風險，影響企業獲利與現金流。

2. 信用風險

上下游客戶或合作夥伴的違約風險，可能導致應收帳款回收困難或供應鏈中斷。

3. 流動性風險

短期內無法取得足夠資金應付營運需求的風險，造成現金流斷裂或融資成本攀升。

4. 營運風險

內部流程缺陷、人力資源管理不當或技術故障，導致生產或服務中斷的風險。

臺灣企業的事前預防挑戰

臺灣企業在財務風險管理的傳統上，普遍以「靈活應變」為強項。然而，這種事後應變模式，面對國際市場與供應鏈變動時，可能顯得力有未逮。挑戰包括：

1. 缺乏系統化風險管理架構

許多企業仍以經驗與人際網絡為基礎，缺乏科學化與制度化的風險管理機制。

2. 短期目標壓力過大

短期業績壓力下，企業往往忽略了長期風險防範，專注於眼前的獲利指標。

3. 資訊透明度不足

家族企業與中小企業，內部資訊封閉或部門間缺乏溝通，影響了事前風險評估的全面性。

國際市場的啟示

國際企業在面對風險時，普遍強調「事前預防」與「制度化治理」。透過情境模擬、壓力測試與風險指標監控，企業能在風險發生前就做好應對準備。例如：歐美企業常結合智慧化財務管理與外部顧問資源，建

第九章　財務管理的彈性：現金流與應變能力

立跨部門的風險管理委員會，確保財務風險不是單一部門的責任，而是整個組織的共同任務。

這種系統化與跨部門的管理思維，值得臺灣企業借鏡。

事前預防的實務策略

要真正落實財務風險的事前預防，臺灣企業可從以下策略著手：

1. 建立風險辨識與預測系統

運用市場資訊、財務數據與外部研究，定期進行風險盤點與情境模擬，讓企業對潛在威脅有更清晰的掌握。

2. 動態風險指標監控

結合 ERP 與智慧財務工具，動態監測關鍵財務指標（如負債比率、應收帳款週轉率），及早發現異常變動。

3. 多元化資金來源與彈性配置

避免過度依賴單一融資管道，結合銀行貸款、供應鏈金融與策略性投資人合作，降低資金風險。

4. 跨部門溝通與教育訓練

培養全員的風險意識與應變能力，打破部門本位主義，讓風險管理成為全員參與的工作。

財務治理與企業文化的支撐

事前預防，不只是技術問題，更是企業治理與文化的展現。董事會與高階經營團隊應該以「風險管理是競爭力的延伸」為信念，將風險意識

內化為決策的基本態度。

同時，企業文化應鼓勵員工勇於發現問題與提出改進建議，培養「預警」而非「亡羊補牢」的文化氛圍，讓財務風險的預防成為企業日常治理的一部分。

從事前預防到長期韌性

財務風險的事前預防，是企業從短期生存邁向長期韌性的重要基石。對臺灣企業而言，唯有在人本文化與專業治理的支持下，將風險管理從事後救火轉向事前防範，才能在人際互動與國際市場的挑戰中，展現更高的適應力與競爭力，實現企業的永續經營與社會責任目標。

第九章　財務管理的彈性：現金流與應變能力

第七節　應收帳款與存貨管理的關鍵

企業經營中的兩大關鍵資金環節

在企業經營的日常中，應收帳款與存貨管理是流動資金管理的兩大關鍵。應收帳款代表企業銷售後，尚未回收的現金；存貨則是企業投入資金後，尚未轉化為現金流入的部分。這兩項資產若管理不當，容易成為「隱形的資金黑洞」，影響企業的財務健康與市場競爭力。

對臺灣企業而言，尤其是以出口導向與中小企業為主體的產業結構，應收帳款與存貨管理不只是財務部門的專業任務，更是決定企業能否保持靈活經營與穩健成長的基石。

應收帳款管理的核心挑戰

應收帳款，是企業銷售策略與客戶關係管理的重要環節，但也是潛在的資金風險來源。主要挑戰包括：

1. 客戶付款習慣的多樣化

臺灣企業與國際買家合作時，往往面對不同的付款條件與期限，需具備靈活的資金調度能力。

2. 信用風險的控管

過度依賴單一大客戶或長期提供寬鬆付款條件，可能在客戶經營狀況不佳時，成為壞帳風險的來源。

3. 部門間資訊落差

財務部門與業務部門若缺乏即時溝通，可能導致應收帳款管理的盲點，影響資金回收效率。

存貨管理的雙面挑戰

存貨，作為企業營運的必備資源，一方面支撐企業應對市場需求，另一方面若過度積壓，則成為資金的壓力。臺灣企業在存貨管理上，常見的挑戰包括：

1. 需求預測的準確性

若市場需求預估不足，容易造成缺貨與市場機會流失；若過度樂觀，則會形成庫存積壓。

2. 庫存結構與效率

部分企業缺乏庫存結構化管理，造成高庫存週轉天數與倉儲成本，侵蝕利潤空間。

3. 跨部門溝通與合作不足

庫存管理涉及採購、生產與銷售，若部門間缺乏合作，將難以達到最佳化。

國際市場的管理思維

在國際市場中，許多跨國企業強調應收帳款與存貨管理的「整合式管理」。例如：結合大數據分析與智慧化系統，實現即時監控與動態調整；或是與供應鏈上下游緊密合作，共同優化現金流與庫存結構。

第九章　財務管理的彈性：現金流與應變能力

這些國際經驗提醒臺灣企業：應收帳款與存貨管理不只是財務部門的責任，而是跨部門、跨組織的合作工程。

實務策略：從管理到創新

臺灣企業若要在應收帳款與存貨管理中，展現更高的競爭力與彈性，可從以下策略切入：

1. 加強信用管理與風險評估

建立客戶信用評分機制，並定期檢視付款履約紀錄，降低壞帳風險。

2. 智慧化存貨管理工具

導入 ERP 與智慧倉儲管理系統，實現即時的庫存監控與需求預測，減少庫存積壓與過時風險。

3. 滾動式應收帳款追蹤

財務部門與業務部門合作，定期檢視應收帳款的回收進度，及時處理異常項目。

4. 庫存與市場的連動思維

將庫存管理與市場策略結合，動態調整庫存結構，支撐市場機會與避險需求。

企業治理與文化的支撐

有效的應收帳款與存貨管理，最終需企業治理與文化的支持。董事會與經營團隊應該重視「資金效率」與「財務穩健」的核心價值，避免短

期銷售壓力下忽略資金安全。

同時,企業文化中應鼓勵跨部門的合作與數據化決策,讓管理不只是應付帳面數字,而是支持企業永續經營的基礎。

從資金管理到企業韌性

應收帳款與存貨管理,是企業在市場競爭中的資金基礎與營運保障。對臺灣企業而言,唯有在人本文化與專業治理的支持下,將這兩大環節從日常管理中強化到企業文化中,才能在人際互動與國際市場的挑戰中,展現更強的韌性與競爭力,實現企業的長期成長與社會責任目標。

第九章　財務管理的彈性：現金流與應變能力

第八節　財務韌性與永續經營

財務韌性的概念與重要性

在動盪與充滿不確定性的市場環境中，財務韌性已成為企業能否實現永續經營的核心競爭力。財務韌性指的是企業在面對外部衝擊與內部挑戰時，能夠保持穩健資金結構、即時應變力與長期發展彈性，確保企業持續經營與創新能力。

對臺灣企業而言，特別是中小型與家族企業，財務韌性往往決定了企業在國際市場與區域市場中的適應能力與競爭優勢。

財務韌性與永續經營的關聯

永續經營，不只是企業的社會責任，也是企業面對全球化與快速變遷環境時，實現長期發展與穩健營運的策略選擇。財務韌性，作為企業的「安全網」，與永續經營有著密不可分的關聯。

具體而言，財務韌性支持永續經營的幾個關鍵面向包括：

1. 風險管理能力

財務韌性意味著企業能在面對市場或產業衝擊時，及時調整營運與資金配置，減少財務風險對經營的衝擊。

2. 投資與創新空間

穩健的財務結構與資金彈性，讓企業有更多餘裕投入研發、技術升級與國際拓展，實現永續成長。

3. 市場信任與合作機會

財務韌性展現企業的誠信與專業，強化與供應鏈夥伴、金融機構與社會的合作與信任基礎。

臺灣企業的實務挑戰與文化特質

臺灣企業一向以彈性與效率見長，但在財務韌性的系統化經營上，仍面臨若干挑戰：

1. 短期壓力下的長期忽略

在面對市場競爭與價格壓力時，部分企業過度專注於短期獲利，忽略了長期財務穩健與韌性的培養。

2. 家族文化影響的決策模式

家族企業強調信任與關係管理，但若缺乏專業財務治理與風險管理，可能限制財務韌性的系統化建構。

3. 資金取得管道單一

部分企業仍過度依賴單一銀行融資，缺乏多元化的資金來源與彈性，增加財務壓力。

國際市場的啟示

國際企業普遍將財務韌性視為永續經營的基礎。例如：透過智慧化財務管理與全球資金配置，跨國企業能在景氣下行與供應鏈重組時，迅速調整策略與資金運作，降低衝擊。同時，跨國企業也普遍將財務韌性

第九章　財務管理的彈性：現金流與應變能力

納入 ESG（環境、社會與治理）評估，作為企業社會責任與治理品質的核心指標。

這些經驗對臺灣企業的啟發是：唯有將財務韌性視為企業經營的長期目標，才能在人際互動與國際市場的挑戰中，實現真正的永續競爭力。

強化財務韌性的實務策略

臺灣企業若要在永續經營的道路上，強化財務韌性，可從以下幾個面向切入：

1. 多元化資金策略

結合銀行貸款、供應鏈金融與策略投資，分散資金來源與降低財務風險。

2. 動態現金流與流動性管理

不只看報表數字，更應定期檢視現金流量結構與風險情境，維持資金運作的彈性與穩定。

3. 跨部門合作與資訊整合

打破部門本位，讓財務韌性成為全公司共同目標，結合市場、營運與財務資訊，形成統合思維。

4. 結合智慧化管理工具

導入 ERP、AI 資料分析等智慧化工具，提升財務管理的精準度與即時性，增強應變能力。

企業文化與治理的支撐

財務韌性的落實,最終仍需企業文化與治理結構的支持。董事會與經營團隊應以長期視角看待財務韌性,避免短期化決策與盲目擴張。透過透明化治理與跨部門合作,讓財務韌性不只是數字,而是企業整體文化的核心價值。

同時,培養「預防勝於治療」的文化氛圍,讓每位員工都能意識到,財務韌性是企業面對市場挑戰與抓住機會的關鍵資產。

財務韌性,企業永續的護城河

財務韌性不只是應對危機的工具,更是企業實現長期成長與社會責任的護城河。對臺灣企業而言,唯有在人本文化與專業治理的支持下,持續深化財務韌性,才能在人際互動與國際市場的挑戰中,展現更強的適應力與創新力,實現企業的永續經營與社會價值目標。

第九章　財務管理的彈性：現金流與應變能力

第十章
財務與社會：
從獲利到社會責任

第十章　財務與社會：從獲利到社會責任

第一節　財務治理與社會價值的連結

財務治理的時代意義

財務治理，傳統上被視為企業營運穩健與風險控管的技術性課題。然而，在全球永續發展與企業社會責任（CSR）意識抬頭的趨勢下，財務治理已不再只是內部資金流的管理工具，更是企業實現社會價值的重要基礎。

對臺灣企業而言，從傳統的成本控管與短期盈餘追求，走向以社會責任為核心的財務治理，代表著經營理念與市場信任的大轉型。這不只是符合 ESG（環境、社會、治理）潮流，更是企業能否在國際市場中展現韌性與價值的關鍵。

財務治理的核心內涵

財務治理，包含了財務資訊透明化、風險管理、資本結構規劃與資金運用效率等面向。其核心目標是透過制度化的財務監控與決策，確保企業能在多變的市場中保持穩健，並支撐長期的經營目標。

然而，現代財務治理的價值，已超越財務報表與內部管控，進一步展現在以下層面：

1. 誠信經營的外部承諾

透明化與專業化的財務治理，是企業對股東、員工、客戶與社會的誠信保證，強化企業的社會信任度。

2. 支持企業社會責任的基礎

穩健的財務結構,能確保企業有餘力投入環保、社會公益與人才培育,落實社會責任。

3. 驅動社會價值共創

透過合理的資金運用與財務策略,企業能與供應鏈夥伴、社會組織與政府部門合作,共同創造更具永續性的經濟與社會價值。

臺灣企業的財務治理挑戰

臺灣企業向來以靈活經營與高效率聞名,但在財務治理與社會價值的結合上,仍面臨若干挑戰:

1. 短期化思維與財務壓力

部分中小企業過度聚焦短期獲利,忽略了長期財務穩健與社會責任的結合。

2. 治理結構的家族影響

家族企業在財務決策中,往往結合家族利益與經營風格,影響專業化財務治理的深度與透明度。

3. 社會責任的資金支持不足

許多企業在推動 CSR 或 ESG 時,因財務結構與現金流壓力,而無法投入足夠資源,限制了社會價值的落實。

第十章　財務與社會：從獲利到社會責任

國際視野下的財務治理演進

在國際市場中，財務治理與社會價值的結合已成為企業韌性與競爭力的關鍵。跨國企業透過透明的財務報告、獨立董事與外部審計機制，展現財務誠信與治理專業；同時，將永續發展目標（SDGs）與財務策略結合，形成內外部共識。

例如：歐美企業普遍結合 ESG 報告與財務報表，將環保投入、社會影響與治理績效，納入財務治理的核心。這種結合，讓財務不只是內部管理工具，更是企業對外展示社會承諾的證明。

強化臺灣企業的財務治理與社會價值連結

為了在國際市場與在地市場中展現更高的韌性與責任感，臺灣企業可從以下策略切入：

1. 推動財務透明化與外部信任

透過資訊公開與外部審計，讓財務報告成為企業誠信文化的展現，增強市場信心與社會認同。

2. 結合社會價值的財務決策

在資金運用與投資決策中，將社會責任納入考量，避免僅看短期報酬而忽略社會影響。

3. 跨部門合作與文化落實

讓財務部門與 CSR、ESG 團隊形成合作夥伴，共同規劃財務治理下的社會責任藍圖。

4. 長期願景與治理機制結合

董事會與高階管理團隊應以長期目標為基礎，將財務治理作為企業永續經營的一部分，避免短期財務壓力左右決策方向。

企業文化的轉型與社會責任

財務治理與社會價值的連結，最終仍需企業文化的支持。當企業能將「賺錢」與「責任」視為同等重要的核心價值，財務策略與社會責任將不再是衝突，而是共生的競爭優勢。

同時，企業文化應鼓勵員工參與社會議題，讓財務部門不只是計算成本與報表，而是推動企業社會影響力的合作夥伴。

從財務治理到社會承諾

財務治理，不只是企業內部的管理工具，更是企業對社會與未來的承諾。對臺灣企業而言，唯有在人本文化與專業治理的支持下，將財務治理與社會價值緊密結合，才能在人際互動與國際市場的挑戰中，展現更強的韌性與信任力，實現企業的長期發展與社會責任目標。

第十章　財務與社會：從獲利到社會責任

第二節　永續經營與企業責任

永續經營的新時代定義

隨著全球化與數位化的快速演變，企業經營不再僅僅是追求短期利潤的活動，而是要在競爭與合作的多變市場中，尋求長期發展與穩健的經營基礎。永續經營，已成為企業治理的新目標，也是企業對社會、環境與未來世代的承諾。

永續經營不只是一種口號，它強調企業在追求經濟效益的同時，必須重視社會責任與環境保護，並與利害關係人建立穩固的信任關係。對臺灣企業而言，永續經營的推動，正是企業從傳統家族文化轉型為國際化競爭力的重要一步。

企業責任的多重面向

企業責任，指的是企業在創造價值與獲利的過程中，如何同時承擔對社會與環境的義務。它展現在以下多重面向：

1. 經濟責任

企業的首要任務是實現經濟價值與穩健經營，為股東與投資人創造合理報酬，為員工提供穩定的工作機會。

2. 社會責任

企業應對員工、社區與消費者負責，尊重勞動權益、促進社會福祉，並在文化與教育發展中扮演積極角色。

3. 環境責任

在面對全球暖化與資源有限的時代，企業必須承擔節能減碳、循環經濟與生態保護的義務，將環境永續視為企業策略的一部分。

臺灣企業的挑戰與機遇

臺灣企業在永續經營與企業責任的實踐上，展現出彈性與韌性，特別是面對國際市場與 ESG 投資人的高度關注。然而，也存在不少挑戰：

1. 家族企業文化的轉型

家族企業傳統上重視關係與內部信任，但在推動永續經營時，若缺乏專業化與制度化治理，可能影響社會責任的落實。

2. 短期財務壓力的制約

中小企業經常面對融資困難與市場競爭壓力，影響對社會與環境責任的長期投入。

3. 資訊揭露與透明化的不足

部分企業對永續資訊的揭露尚未系統化，難以取得國際市場與投資人的信任。

國際視野下的企業責任

國際市場上，許多跨國企業已將企業責任內化為經營哲學。例如：歐美企業在 ESG 報告與永續治理上，強調「透明化」、「誠信」與「共榮」的核心價值，並透過供應鏈合作與跨部門整合，推動產業與社會的共同進步。

這些國際經驗對臺灣企業的重要啟示是：唯有將企業責任視為企業競爭力的一部分，才能在人際互動與全球合作中，取得長期的信任與市場空間。

強化臺灣企業的永續經營與責任實踐

臺灣企業若要在永續經營中展現更高的競爭力與韌性，可從以下策略著手：

1. 將企業責任納入治理結構

董事會與高階經理人應將永續經營視為長期策略，結合財務與非財務指標，形成平衡的經營願景。

2. 與社會利害關係人合作

企業應積極與社區、學術機構與非營利組織合作，透過跨界合作落實社會責任。

3. 智慧化與數據化治理

導入 ESG 數據揭露與智慧化治理工具，讓企業責任落實於日常管理與決策過程中。

4. 培養內部共識與文化轉型

企業文化應強化「利潤與責任並重」的思維，讓員工從基層到高階，都能認同永續經營的重要性。

企業治理與文化的結合

永續經營與企業責任的落實,最終需要企業治理與文化的支持。董事會與高階經營團隊,應以長期目標為導向,避免短期化決策與片面性的績效指標,讓社會責任成為企業決策的重要依據。

同時,企業應透過教育與溝通,讓社會責任從口號變成日常工作的一部分,成為企業品牌與價值的核心。

企業責任,永續競爭的根基

永續經營與企業責任,不只是市場的期待,更是企業長期穩健發展的保證。對臺灣企業而言,唯有在人本文化與專業治理的支持下,讓企業責任從理念走向行動,才能在人際互動與國際市場的挑戰中,展現更高的韌性與信任力,實現企業的永續發展與社會責任目標。

第十章　財務與社會：從獲利到社會責任

第三節　ESG 的財務面向

ESG 與企業財務的交會

隨著全球永續經營意識的興起，ESG（環境、社會與治理）不再是企業經營的附屬概念，而是逐漸成為企業核心競爭力的展現。ESG 的推動，不只是回應社會與環境議題，更直接影響企業的財務表現與資金取得能力。對臺灣企業而言，如何從財務角度理解與實踐 ESG，將是企業能否在國際市場與在地市場中取得長期優勢的關鍵。

ESG 的財務價值內涵

ESG 的財務面向，意指企業如何將環境（E）、社會（S）與治理（G）指標，轉化為財務穩健與長期獲利的基礎。這種轉化，展現在以下幾個面向：

1. 風險管理與財務穩健

　　良好的 ESG 實踐，能幫助企業識別潛在風險，降低因環境衝擊、社會紛爭或治理失靈帶來的財務損失。

2. 資金成本與市場信任

　　投資人與金融機構越來越重視 ESG 指標，企業若能展現 ESG 成果，將能取得更低的融資成本與更好的市場評價。

3. 營收與品牌競爭力

消費者與供應鏈夥伴日益關注永續與社會責任，良好的 ESG 表現能強化品牌形象，擴大市場機會。

臺灣企業的 ESG 實務挑戰

儘管臺灣企業在 ESG 意識上已有顯著進步，但在將 ESG 指標與財務管理結合上，仍存在若干挑戰：

1. ESG 資訊揭露不足

許多中小企業對 ESG 資訊的揭露與報告，仍停留在基礎層次，缺乏系統化與指標化的財務化連結。

2. 缺乏財務專業與跨部門合作

ESG 推動常由 CSR 部門主導，財務部門與決策層的參與度不夠，影響其在財務策略中的應用。

3. 短期目標與長期投資的衝突

在短期營收壓力下，部分企業對環保與社會責任的投入仍抱持觀望態度，影響 ESG 的長期財務效益。

國際市場的借鏡

在國際市場中，許多跨國企業已將 ESG 視為財務治理的核心工具。例如：歐美企業普遍透過永續融資與綠色債券，結合環保專案與財務成本優化，將 ESG 的實踐直接轉化為財務效益。

第十章　財務與社會：從獲利到社會責任

同時，國際機構投資人越來越偏好 ESG 評比優異的企業，這種趨勢顯示，財務面向的 ESG 不只是責任，更是企業能否在國際市場中脫穎而出的關鍵。

建立 ESG 財務策略的實務路徑

臺灣企業若要在 ESG 與財務管理中取得良性互動，可從以下策略切入：

1. 將 ESG 納入財務規劃與投資決策

財務部門應與 ESG 團隊合作，將永續目標與投資報酬結合，形成兼顧環保與經濟效益的財務藍圖。

2. 強化 ESG 資訊的透明化與數據化

建立 ESG 指標的量化與財務化報告，讓投資人與金融機構能更清晰掌握企業的永續能力與資金需求。

3. 結合智慧化管理工具

導入智慧財務系統與 ESG 績效監控平臺，讓 ESG 不只是形象工程，而是企業日常經營與財務決策的一部分。

4. 跨部門合作與企業文化共識

讓財務部門、ESG 團隊與市場部門形成合作網絡，推動 ESG 從數字到文化的深度融合。

企業治理與文化的支撐

ESG 的財務面向，最終仍需企業治理結構與文化的支撐。董事會與高階經營團隊應將 ESG 視為企業永續經營的一部分，結合長期願景與市場機會，避免將其視為單一部門的任務。

同時，企業應透過內部教育與外部合作，強化「ESG 即是企業價值」的共識，讓財務部門與 ESG 部門成為彼此的合作夥伴，共同創造企業與社會的雙贏。

從 ESG 到財務永續的轉型

ESG 的財務面向，代表著企業從單一的經濟目標，走向兼顧社會與環境的全方位經營思維。對臺灣企業而言，唯有在人本文化與專業治理的支持下，將 ESG 深度融入財務策略，才能在人際互動與國際市場的挑戰中，展現更高的韌性與競爭力，實現企業的永續經營與社會價值目標。

第十章　財務與社會：從獲利到社會責任

第四節　財務透明化與公共信任

財務透明化的價值與意涵

在現代企業治理中，財務透明化已不僅僅是一項合規義務，而是企業誠信經營與社會信任的核心基礎。財務透明化，意指企業能夠如實、即時並系統化地向社會揭露其財務狀況與風險結構，展現財務治理的專業性與誠信文化。

對臺灣企業而言，尤其是中小企業與家族企業，財務透明化的實踐往往代表著企業文化的升級，也是與國際市場接軌、強化外部信任的重要一步。

公共信任的形成與維護

公共信任，意指社會大眾、合作夥伴與金融市場對企業的認可與信心。這種信任不僅來自企業的業績數字，更來自於企業是否展現出對外部世界的責任感與透明度。

當企業能主動揭露財務資訊，說明經營風險與發展方向，社會各界更容易產生信任，進一步支持企業的發展。反之，若企業在資訊揭露上態度曖昧或過度包裝，將損害市場信任，甚至影響融資條件與品牌形象。

臺灣企業的挑戰與轉型

臺灣企業在財務透明化的實踐上，普遍展現了從「家族經營思維」向「專業治理思維」轉型的趨勢。然而，挑戰仍然存在：

1. 內部資訊封閉

許多中小企業習慣於內部管理，對外部資訊揭露的敏感度不足，缺乏專業化的揭露策略。

2. 短期化與競爭壓力

在面對激烈的價格戰與成本壓力時，部分企業可能傾向過度粉飾財務報告，忽略長期的信任基礎。

3. 專業財務治理的落實度不均

企業治理結構尚未完全制度化，缺乏獨立監督與外部審計的支撐，影響資訊揭露的真實性與客觀性。

國際市場的學習與借鏡

在國際市場中，財務透明化被視為企業治理的基礎。例如：歐美企業普遍透過國際財務報導準則 (IFRS) 與第三方審計，確保財務資訊的完整性與即時性。這種透明化，不僅是應對監管需求，更是與投資人、供應鏈與社會大眾溝通的重要語言。

跨國企業也意識到，唯有持續強化財務透明化，才能在 ESG 評比與社會責任指標中，取得長期信任與市場支持。

財務透明化的實務策略

臺灣企業若要在公共信任中取得更高的競爭優勢，可從以下實務策略著手：

第十章　財務與社會：從獲利到社會責任

1. 制度化的資訊揭露

依據國際會計準則與在地監管要求，定期編制財務報告，並以可讀性高、邏輯清晰的方式對外溝通。

2. 結合第三方審計與外部監督

與專業審計機構合作，確保財務資訊的真實性與專業性，建立外部監督的誠信基礎。

3. 資訊透明化與企業文化的融合

讓財務透明化不僅是財務部門的工作，而是全體組織的文化價值，讓各部門理解資訊揭露對企業形象與市場信任的意義。

4. 與利害關係人的溝通

主動與投資人、合作夥伴與社會團體對話，說明企業財務策略與長期願景，增進外部支持與認同。

企業治理與文化的支持

財務透明化的深化，最終仍需企業治理結構與文化的支持。董事會與經營團隊應該視其為企業永續經營與國際競爭力的一部分，而非單純的「合規動作」。透過教育與內部訓練，讓透明化成為員工共同的信念與行動。

同時，透明化文化有助於促進內部部門間的合作與溝通，形成企業從內而外的信任力，強化面對外部市場的韌性。

透明化 —— 企業信任的基石

財務透明化,是企業在國際化與永續經營浪潮中的護城河,也是企業取得市場信任與合作機會的基礎。對臺灣企業而言,唯有在人本文化與專業治理的支持下,將透明化從表面行為深化為企業文化,才能在人際互動與國際市場挑戰中,展現更高的韌性與信任力,實現企業的長期發展與社會責任目標。

第十章　財務與社會：從獲利到社會責任

第五節　利益平衡的企業財務視角

利益平衡的時代意義

在全球化與社會永續意識高漲的時代，企業已不再僅僅是「利潤最大化」的追求者。現代企業經營更強調如何在多方利益之間，取得長期穩健的平衡。所謂利益平衡，指的是企業在追求股東報酬的同時，也必須兼顧員工福祉、供應鏈夥伴、社區與環境的長期發展與合作關係。

對臺灣企業而言，尤其是在中小企業與家族企業占比較高的環境中，利益平衡不僅是社會責任的展現，更是企業能否在國際競爭中立足的關鍵。

財務視角下的利益平衡

企業財務決策，長期被認為是追求報酬與風險管理的理性工具。然而，在多變的社會與市場環境下，財務決策也必須承擔起利益平衡的責任。這種財務視角的轉變，展現在以下幾個層面：

1. 股東利益與社會責任的整合

股東回報依舊是企業財務的核心任務，但在策略規劃與財務分配上，應納入社會與環境效益的考量。

2. 短期獲利與長期韌性的平衡

短期的利潤固然重要，但企業若僅著眼於即時報酬，將犧牲長期財務韌性與社會信任，影響永續經營。

3. 財務決策中的多方溝通

財務部門不再只是數字的管理者，而是企業與利害關係人之間的橋梁，透過透明化與合作，促進利益平衡。

臺灣企業的實務挑戰

臺灣企業在利益平衡的實踐中，面臨多重挑戰：

1. 家族文化下的決策偏差

家族企業往往強調內部利益平衡，但可能忽略外部合作夥伴與社區的長期需求，影響企業的外部信任度。

2. 中小企業資源有限

中小企業在追求利益平衡時，常受限於資金與人力，難以兼顧短期獲利與社會投入。

3. 短期績效壓力

市場與競爭壓力，使部分企業過度專注短期業績，影響長期合作夥伴關係與社會責任的實踐。

國際市場的經驗與啟示

國際市場中的跨國企業，普遍將利益平衡視為長期競爭力的核心。例如：歐美企業普遍透過 ESG 融資、永續報告與員工參與，將股東回報與社會責任結合，形成雙贏的經營模式。

這些經驗提醒臺灣企業，利益平衡不是「犧牲利潤」的代價，而是透過多方合作與治理創新，形成更具韌性與市場競爭力的發展模式。

第十章　財務與社會：從獲利到社會責任

財務決策中的平衡策略

臺灣企業可從以下策略，推動利益平衡的財務視角：

1. 多方利害關係人的對話

建立與股東、員工、供應鏈夥伴與社區的對話機制，讓財務決策更貼近各方需求。

2. 長短期目標的統合

透過滾動式預算與長期投資規劃，兼顧短期獲利與長期財務健康，避免犧牲未來發展。

3. 結合 ESG 與財務策略

將環境、社會與治理目標納入財務決策流程，讓每筆投資與資金運用都能兼顧經濟與社會效益。

4. 透明化與治理文化的深化

以資訊透明與誠信文化，強化內外部信任，讓利益平衡成為企業治理的日常實踐。

企業治理與文化的支撐

利益平衡，最終仍需企業文化與治理機制的支持。董事會與經營團隊應將利益平衡視為企業長期發展的一部分，而非額外負擔。透過教育訓練與文化塑造，讓每位員工都能了解，財務決策的真正價值，在於為企業創造「共享的未來」。

利益平衡 —— 財務智慧的核心

　　利益平衡，是企業從獲利走向永續發展的關鍵指標。對臺灣企業而言，唯有在人本文化與專業治理的支持下，讓利益平衡成為財務視角中的核心思維，才能在人際互動與國際市場的挑戰中，展現更高的韌性與信任力，實現企業的長期發展與社會責任目標。

第十章　財務與社會：從獲利到社會責任

第六節　財務策略中的社會責任思維

財務策略與社會責任的結合

傳統財務策略，強調企業在面對市場競爭與資源有限時，如何在投資與風險中做出最有利的決策。然而，隨著社會價值與永續經營意識的抬頭，財務策略的範疇也必須與社會責任深度結合。這不僅是對外部社會與環境的回應，更是企業能否實現長期韌性與競爭力的關鍵。

對臺灣企業而言，尤其是中小企業與家族企業，社會責任思維往往被視為額外負擔，與「財務策略」的理性決策相對立。事實上，當企業能將社會責任納入財務策略，反而能打開新的市場機會與合作空間，創造多方共贏的長期價值。

財務策略中的社會責任面向

將社會責任思維融入財務策略，主要展現在以下面向：

1. 資金運用的社會效益

企業在投資決策時，不僅關注經濟報酬，也需衡量其對社會與環境的正向影響，避免對外部社會造成負面衝擊。

2. 風險管理的社會視角

社會責任思維有助於企業更全面地辨識風險，例如因社會議題而導致的品牌信譽風險、勞動爭議風險等，並將其納入風險評估。

3. 融資與市場信任的強化

金融機構與投資人越來越看重企業的社會責任表現，良好的社會責任紀錄，能降低融資成本並獲得更長期的市場信任。

臺灣企業的實務挑戰

臺灣企業在將社會責任納入財務策略時，仍面臨一些結構性挑戰：

1. 短期財務目標的壓力

中小企業往往面對現金流壓力，對於社會責任的投入缺乏長期視野，難以在財務策略中充分展現社會思維。

2. 專業能力與治理結構的限制

部分企業在社會責任與 ESG 議題上，缺乏專業團隊或治理機制，難以系統化地納入財務決策流程。

3. 家族文化的影響

家族企業傳統重視內部穩健，但對外部社會責任議題的敏感度較低，需要從文化層面強化認同感。

國際市場的經驗與啟示

國際市場上，許多跨國企業已經將社會責任作為財務策略的核心。例如：歐美企業透過永續融資與社會責任投資基金，將資金運用與社會影響結合，實現長期的品牌價值與市場影響力。

第十章　財務與社會：從獲利到社會責任

這些經驗提醒臺灣企業：社會責任並非與財務目標衝突，而是企業價值與市場信任的共同基礎。當企業能將兩者結合，反而能在人際互動與國際市場中，展現更大的競爭力與韌性。

實務策略：社會責任導向的財務決策

臺灣企業若要將社會責任納入財務策略，可從以下幾個方向著手：

1. 設定社會責任導向的投資標準

在投資評估與專案決策時，納入社會影響評估，並與股東與合作夥伴共享目標。

2. 財務與 ESG 部門的跨部門合作

促進財務部門與 ESG 團隊的合作，確保資金運用與社會目標能夠協調一致。

3. 強化資訊透明化與溝通

透過財務報告與 ESG 報告的結合，展現企業的誠信與社會影響力，強化外部信任。

4. 培養社會責任文化與長期思維

透過內部教育與外部對話，讓企業文化從短期報酬思維，轉向「共好」與「永續」的長期價值。

企業治理與文化的融合

社會責任思維的財務策略，最終仍需要企業治理與文化的支持。董事會與高階經理人應將社會責任視為企業生存與發展的核心之一，避免

「為責任而責任」的形式主義，而是將其內化為經營決策的核心指標。

同時，企業文化應強化「利潤與社會共贏」的共識，讓社會責任從外部壓力，轉化為企業創新的驅動力。

從策略到文化，實現社會責任的價值

財務策略中的社會責任思維，代表著企業在財務穩健與社會價值間的平衡與融合。對臺灣企業而言，唯有在人本文化與專業治理的支持下，將社會責任深度融入財務策略，才能在人際互動與國際市場的挑戰中，展現更高的韌性與競爭力，實現企業的永續經營與社會責任目標。

第十章　財務與社會：從獲利到社會責任

第七節　財務決策與社會溝通的必要性

財務決策與社會責任的融合

企業的財務決策，傳統上被視為追求效率與獲利的理性工具。然而，隨著社會責任與永續發展意識的興起，財務決策不僅關乎內部的資金配置與風險管理，也逐漸成為企業與社會對話的重要橋梁。所謂的「社會溝通」，不只是形象宣傳，更是財務決策透明化與多方利害關係人信任的基礎。

對臺灣企業而言，特別是在家族企業文化與中小企業體質下，如何讓財務決策超越單一部門視角，真正回應社會與市場的期待，成為企業能否取得長期發展優勢的關鍵。

社會溝通在財務決策中的角色

社會溝通，指的是企業透過多元化的管道，將財務決策背後的邏輯、風險與價值觀，主動傳達給外部利害關係人。這種溝通不只是企業品牌的一部分，更是財務穩健與社會責任的延伸。它展現在以下面向：

1. 透明化與信任感建立

當企業能夠誠實、系統地解釋財務決策，外部市場與社會更容易對其營運模式與發展策略產生信任感。

2. 減少資訊不對稱

社會溝通有助於消除財務報表與實際經營決策間的資訊落差，促進更穩定的市場互動。

3. 支持長期合作與資金取得

透過清晰的財務溝通，企業能夠強化與供應鏈、投資人與社區的合作關係，為長期發展奠定基礎。

臺灣企業的挑戰與學習

臺灣企業在財務決策的社會溝通上，雖然逐步展現進步，但仍面臨若干挑戰：

1. 資訊揭露的不足

部分中小企業在財務透明化與外部溝通上，仍抱持「報表只是合規文件」的觀念，忽略了社會溝通的策略價值。

2. 缺乏跨部門合作

財務決策往往由財務部門主導，缺乏與市場部門、CSR 團隊的對話，無法形成一致對外的溝通語言。

3. 文化轉型的不足

家族企業的決策模式，往往偏向內部溝通，對外部利益關係人的視角敏感度不高，影響社會溝通的完整性。

國際市場的經驗與啟示

在國際市場中，財務決策的社會溝通已成為企業競爭力的關鍵。例如：跨國企業透過 ESG 報告與綜合財務報告，將財務績效與社會影響力結合，主動向投資人、供應鏈與社會組織解釋企業發展的全貌。

第十章　財務與社會：從獲利到社會責任

這種溝通的主動性與系統性，讓國際企業在取得市場信任與融資支持時，更具優勢，也展現了「企業透明化＝社會信任」的治理思維。

建立社會溝通導向的財務決策機制

臺灣企業若要在財務決策中強化社會溝通，可從以下策略切入：

1. 整合報表與社會責任資訊

財務報告應結合社會責任指標與 ESG 資訊，展現企業全方位的發展路徑與市場價值。

2. 跨部門合作與對話平臺

建立財務部門、ESG 團隊與市場部門的跨部門溝通機制，形成協調一致的對外發聲。

3. 教育訓練與文化建設

透過內部教育，讓員工理解社會溝通對企業永續的重要性，形成以誠信與透明為基礎的文化氛圍。

4. 多管道的外部對話

企業可結合社群媒體、年報、股東會與供應鏈對話，讓財務決策邏輯與社會期待充分對話。

企業治理與文化的支持

社會溝通的深化，最終仍需要企業治理與文化的支撐。董事會與經營團隊應該將財務決策視為外部溝通的重要一環，避免將其局限於「財務部門的專業語言」，而是讓其成為企業品牌與市場信任的共同語言。

同時，企業應以「社會共識」為基礎，讓財務決策不僅追求數字的最適化，更追求社會價值與合作關係的最大化。

從決策到對話，財務溝通的新高度

財務決策的社會溝通，是企業從內部管理走向社會責任的關鍵一步。對臺灣企業而言，唯有在人本文化與專業治理的支持下，將社會溝通深度融入財務決策，才能在人際互動與國際市場的挑戰中，展現更高的韌性與競爭力，實現企業的永續發展與社會責任目標。

第十章　財務與社會：從獲利到社會責任

第八節　臺灣財務觀的新世代樣貌

新世代財務觀的時代背景

　　隨著全球化、數位化與永續發展浪潮席捲而來，臺灣企業的財務觀正在發生深刻變革。傳統上，臺灣企業的財務觀多半以穩健經營、節省成本與現金流穩定為核心。然而，面對國際市場的競爭壓力、社會責任的期望與內部文化的演進，新世代的財務觀已經從「單一財務指標的追求」，走向「綜合永續價值的創造」。

　　新世代財務觀的崛起，標誌著企業財務策略不再僅僅是經營工具，而是結合人本精神、社會責任與數位創新的價值展現。

新世代財務觀的三大核心特質

1. 從單一目標到多維度平衡

　　傳統財務管理強調獲利與風險的平衡，新世代財務觀則更進一步，將社會責任、環境影響與治理效能納入考量，形成多維度的利益平衡視野。

2. 從封閉決策到跨部門合作

　　財務決策不再只是財務部門的專屬領域，而是跨部門合作與社會溝通的結晶，讓財務報表成為與外部世界對話的工具。

3. 從被動應變到主動創新

　　新世代財務觀不僅著眼於應對風險，更強調如何透過財務智慧，驅動企業的創新力與永續成長。

臺灣企業的新財務實務挑戰

儘管新世代財務觀逐漸成形,臺灣企業在落實過程中仍面臨多重挑戰:

1. 傳統文化的轉型阻力

家族企業文化強調內部穩健與信任,面對跨部門溝通與國際市場透明度的要求,仍需時間適應與文化調整。

2. 短期目標與長期願景的拉鋸

市場競爭與資金壓力,使部分企業仍專注於短期報酬,難以在財務策略中兼顧長期發展與社會責任。

3. 專業化與數位化能力的不足

中小企業在財務人才培養與數位工具運用上,尚有待強化,以支撐新世代財務觀的落實。

國際市場的學習與啟發

國際市場中,跨國企業普遍展現了新世代財務觀的具體實踐。例如:歐美企業透過 ESG 報告與智慧化財務管理,讓財務報表不僅是「數字」,更是企業的社會承諾與競爭策略的一部分。

這些國際經驗提醒臺灣企業:財務管理的價值不僅在於獲利,還在於回應社會期待與創造多方價值。唯有結合在地經驗與國際視野,才能在人際互動與國際合作中,形成真正的競爭優勢。

第十章　財務與社會：從獲利到社會責任

新世代財務觀的實務路徑

臺灣企業若要在新世代財務觀的引領下，實現長期穩健發展與社會價值，可從以下路徑著手：

1. 跨部門財務溝通機制

建立跨部門合作的財務規劃機制，讓財務決策與 CSR、營運、市場部門形成有機整合。

2. 智慧化與數據化決策

導入 ERP 與智慧財務平臺，強化即時監控與多維度分析，支援永續發展的決策需求。

3. 社會責任融入財務策略

將 ESG 與社會責任指標納入投資與融資決策，讓財務行動與企業文化、社會期待相互呼應。

4. 長期願景與靈活應變的平衡

兼顧市場靈活度與長期穩健目標，讓財務策略成為企業成長與韌性的「雙引擎」。

企業治理與文化的再造

新世代財務觀的落實，最終仍需企業治理與文化的深度支持。董事會與高階經營團隊應將其視為企業核心競爭力的一部分，避免將財務管理視為單純的「成本管控」。同時，企業文化要鼓勵創新、合作與社會價值的實現，讓財務觀從「工具」升級為「願景」。

新世代財務觀 —— 韌性與價值的共舞

臺灣企業正處於國際化與數位化的關鍵轉型期,新世代財務觀的崛起,不僅是市場趨勢的回應,更是企業面對挑戰時的生存智慧。唯有在人本文化與專業治理的支持下,讓新世代財務觀真正內化為經營決策的DNA,臺灣企業才能在人際互動與國際市場的挑戰中,展現更高的韌性與信任力,實現永續發展與社會責任的目標。

走出資本額迷思，資源的正確分配方法：
無公式深入探索企業財務觀念、社會責任與國際競爭的全景視角

作　　　者	：遠略智庫
發　行　人	：黃振庭
出　版　者	：山頂視角文化事業有限公司
發　行　者	：山頂視角文化事業有限公司
E-mail	：sonbookservice@gmail.com
粉　絲　頁	：https://www.facebook.com/sonbookss/
網　　　址	：https://sonbook.net/
地　　　址	：台北市中正區重慶南路一段61號8樓

8F., No.61, Sec. 1, Chongqing S. Rd., Zhongzheng Dist., Taipei City 100, Taiwan

電　　　話	：(02)2370-3310
傳　　　真	：(02)2388-1990
印　　　刷	：京峯數位服務有限公司
律師顧問	：廣華律師事務所 張珮琦律師

—版權聲明—
本書作者使用 AI 協作，若有其他相關權利及授權需求請與本公司聯繫。
未經書面許可，不得複製、發行。

定　　　價：420 元
發行日期：2025 年 07 月第一版
◎本書以 POD 印製

國家圖書館出版品預行編目資料

走出資本額迷思，資源的正確分配方法：無公式深入探索企業財務觀念、社會責任與國際競爭的全景視角 / 遠略智庫 著 . -- 第一版 . -- 臺北市：山頂視角文化事業有限公司, 2025.07
面；　公分
ISBN 978-626-7709-22-1(平裝)
1.CST: 財務管理 2.CST: 企業經營
494.7　　　　　　114008389

電子書購買

爽讀 APP　　臉書